Ala-Eddine Adamou

Ecologie de l'échasse blanche dans les oasis du Sahara

AF196533

Ala-Eddine Adamou

Ecologie de l'échasse blanche dans les oasis du Sahara

Dynamique annuelle, Phénologie de la reproduction et régime alimentaire

Presses Académiques Francophones

Impressum / Mentions légales

Bibliografische Information der Deutschen Nationalbibliothek: Die Deutsche Nationalbibliothek verzeichnet diese Publikation in der Deutschen Nationalbibliografie; detaillierte bibliografische Daten sind im Internet über http://dnb.d-nb.de abrufbar.

Information bibliographique publiée par la Deutsche Nationalbibliothek: La Deutsche Nationalbibliothek inscrit cette publication à la Deutsche Nationalbibliografie; des données bibliographiques détaillées sont disponibles sur internet à l'adresse http://dnb.d-nb.de.

Coverbild / Photo de couverture: www.ingimage.com

Verlag / Editeur:
Presses Académiques Francophones
Ist ein Imprint der / est une marque déposée de
AV Akademikerverlag GmbH & Co. KG
Heinrich-Böcking-Str. 6-8, 66121 Saarbrücken, Deutschland / Allemagne
Email: info@presses-academiques.com

Herstellung: siehe letzte Seite /
Impression: voir la dernière page
ISBN: 978-3-8381-7995-7

ECOLOGIE DE L'ECHASSE BLANCHE DANS LES OASIS DU SAHARA

Dynamique annuelle, Phénologie de la reproduction et régime alimentaire

Présenté par ADAMOU Ala-Eddine

Dédicaces

A ma mère

A la mémoire de mon père

A la mémoire de mon maître Yassine CHABI

Remerciements

Le présent travail est une contribution à l'étude de l'avifaune dans la région de Ouargla, dans le cadre d'un mémoire de fin d'étude, option « protection des écosystèmes dans les zones arides ». Ainsi, c'est le fruit d'une collaboration entre l'université d'Ouargla et l'université de Annaba et la poursuite des travaux du Pr. Chabi, sur la biologie de la reproduction des passereaux et des oiseaux d'eau.

Ce travail à été examiné par les professeurs : Y. Chabi, A. Messaitfa, S. Benyacoub, M.D. Ould El Hadj, M.L. Ouakid et N. Rouag-Ziane, dont je tiens à exprimer ma profonde reconnaissance.

Ce manuscrit est le résultat d'un travail d'équipe dont je tiens à remercier mes collègues, le Dr. M. Kouidri et le Dr. H. Bouzid.

Je remercie également Mademoiselle N. Adamou ingénieur aux services des forêts et le Dr. A-K. Adamou de leur aide au cours des recherches bibliographiques.

Je remercie chaleureusement Monsieur F. Benbrahim et M. Belaroussi pour leur soutien matériel et scientifique.

Je tiens à remercier aussi, Monsieur et Madame Bouabsa, pour leur accueil et assistances au laboratoire d'analyses médicales.

Résumé: L'étude réalisée durant deux années (2004 – 2005) sur l'avifaune du Chott Aïn El Beïda (Ouargla), une zone humide du Sud-est Algérien. Les résultats ont montré son importance pour les espèces aviennes puisque nous avons dénombré 76 espèces qui fréquentent ce site pour l'escale, l'hivernage ou la reproduction. L'Echasse blanche (*H. h. himantopus*), est une des espèces présente avec deux populations dont la première est sédentaire et la seconde migratrice nicheuse. Cette dernière, comme les autres espèces, trouve dans cette zone humide un milieu favorable, d'une part pour sa sédentarité et d'autre part pour sa reproduction. Pourtant, la pollution que subit la région ne semble affecter les performances de cette espèce, qui pond 4 œufs en 5 jours, incube durant 21 à 22 jours. La taille et la masse des œufs qui diminuent au cours de la saison seraient probablement liées au décalage chronologique entre les deux populations. La population sédentaire semble occupée les meilleurs sites de reproduction ne laissant à la population migratrice que des endroits moins favorables à un bon succès reproducteur. Il existe une bonne synchronisation entre la période de reproduction et le régime alimentaire qui est constitué d'invertébrés et de leur plante hôte *Ruppia maritima*. Ce dernier semble différer entre les poussins et les adultes. En revanche, les poussins et les adultes semblent présentés les mêmes caractères morphologiques que ceux des autres populations. L'ensemble de ces résultats est discuté à la lumière des connaissances actuelles sur la répartition et la nidification des oiseaux d'eau.

Mots clés : Chott Aïn El Beïda, Avifaune, Dynamique annuelle, Echasse blanche, régime alimentaire, reproduction, caractères morphologiques.

SOMMAIRE

CHAPITRE 2 :
STRUCTURE ET DYNAMIQUE DU PEUPLEMENT AVIEN DU CHOTT
AIN EL BEIDA.. 27

CHAPITRE 3 :
ÉTUDE DE LA BIOLOGIE DE LA REPRODUCTION DE L'ÉCHASSE

INTRODUCTION GENERALE

Les oiseaux représentent un bon modèle pour l'étude de la biologie de l'évolution. Grâce à leur grande mobilité et à la diversité de leur spectre alimentaire (granivores, frugivores, piscivores, insectivores ou omnivores), ils ont pu coloniser toutes les régions du globe. Actuellement, ils sont utilisés avec d'autres groupes d'animaux, comme les insectes et les poissons pour mesurer le degré du réchauffement climatique global (Zöckler et Lysenko, 2000 ; Pörtner, 2001 ; Knowles et Cayan, 2002 ; Seto et *al.*, 2004 ; Parmesan et *al.*, 2005 ; Chambers et *al.*, 2005 ; Zulfiqar, 2005). Les nombreuses études à long terme des populations d'oiseaux, ont été un des moteurs du développement de la biologie évolutive.

En Afrique du Nord, les premiers travaux sur l'avifaune n'ont débuté que vers la moitié du 19ième siècle (Heim de Balsac, 1959). Ils ont été réalisés principalement par Bonaparte en 1842, Locke en 1858 et par Hartert en 1928 (Chabi, 1998). Ils ont intéressé préférentiellement les contrées désertiques, à cause probablement de leur caractère exotique et leur avifaune peu connue pour les naturalistes européens. Ce sont des militaires en campagne qui ont procédé à l'exploration de la faune et la flore saharienne publiée en premier temps par Loche en 1853 (un officier qui arriva jusqu'à Ouargla). A partir de 1908, Hartert enchaîna des voyages en Algérie et en 1912, il s'introduisit jusqu'au centre de Sahara (Aïn Salah). Von Schweppenburg de 1913 à 1914 explora le Sahara, de Touggourt au Hoggar (Isenmann et Moali, 2000). Les travaux actuels sur l'avifaune saharienne sont effectués par des universitaires algériens généralement en collaboration avec des chercheurs européens dans le cadre de la préparation de diplôme universitaire (magister, doctorat) mais également sous forme de publications scientifiques (Remini, 1997 ; Bellatreche et Lellouchi, 2002 ; Hadjaidji-Bensghir, 2002 ; Bekkoucha, 2002 ; Guezoul, 2002 ; Bouzid, 2003 ; Soutou et *al.*, 2004). Ces travaux ont porté essentiellement sur l'inventaire, le suivi annuel des effectifs et quelques uns sur le régime alimentaire de certaines espèces

9

(Boukhamza, 1990). En revanche, peu d'études sur la biologie de la reproduction des oiseaux du Sahara algérien.

L'Afrique du Nord est séparée de l'Europe par la Mer Méditerranée et de l'Afrique tropicale par le Sahara. Or, l'influence paléarctique dans la composition de l'avifaune reste sensible jusqu'au centre du Sahara (Etchecopar et Hüe, 1964), la prépondérance afrotropicale n'apparaît vraiment qu'au-delà du tropique du Cancer. Le Sahara a sans doute constitué une barrière à la remontée des oiseaux de la région afrotropicale. Chez beaucoup d'espèces, le vol migratoire s'effectue surtout la nuit, les oiseaux peuvent se reposer de jour. Cette traversée peut être réalisée d'un seul trait ou par plusieurs haltes successives si des endroits propices au repos et à l'alimentation existent et qui sont représentés par les oasis (Isenmann et Moali, 2000). En outre, des observations ont montré que le réchauffement climatique actuel est responsable de la décroissance des effectifs d'espèces migratrices transsahariennes, comme le Héron pourpré *Ardea purpurea* ou le Phragmite des joncs *Acrocephalus schoenobaenus* (Barbault, 1981).

La convention de Ramsar qui date de 1971 est un accord gouvernemental pour la protection et l'utilisation rationnelle des zones humides. Cette convention a été ratifiée par 135 pays (l'Algérie à adhérer depuis 1982) pour plus de 8 millions de kilomètres carrés de zones humides protégées (D.G.F, 2004).

Dans les quatre dernières années, l'Algérie est devenu leader des activités de conservation des zones humides dans la région Afro méditerranéenne. En plus de la désignation de quarante sites, elle a initié la classification d'eaux souterraines qui n'apparaissent en surface que dans les oasis. Un immense réservoir d'eau douce qui reste sans protection et sans reconnaissance internationale accède ainsi à un statut international et à une protection absolument vitale pour les pays arides (Hoffmann, 2004). Dans le cadre de la convention Ramsar, l'Algérie a classé 26 sites en zones humides d'importance internationale. Deux en 1982, un en 1999, dix en 2001 et 13 en 2003 (D.G.F, 2004).

En 2004, grâce à un troisième projet financé par le programme « eau vivante » du fond national pour la nature, 16 nouvelles zones humides ont été proposées, huit entre elles sous la nomination Chott ou Sebkha. Parmi ces sites, trois sont dans la Wilaya de Ouargla : Chott Oum Raneb, Chott Sidi Slimane et Chott Aïn El Beïda dont l'importance pour les oiseaux n'est plus à démontrer. Les effectifs des oiseaux d'eau hivernant sur les différents plans d'eau, naturels ou artificiels, de la Wilaya de Ouargla, confirme l'important rôle écologique que jouent ces zones humides sahariennes comme sites d'escale ou d'hivernage pour plusieurs espèces d'oiseaux d'eau (Bellatreche et Lellouchi, 2002).

Le Chott d'Aïn El Beïda semble être le site qui offre des conditions écologiques favorables pour l'avifaune aquatique dans la région de Ouargla. En effet, il abrite une importante biodiversité tant végétale qu'animale. C'est le site le plus riche de la région de Ouargla en espèces d'oiseaux d'eau avec 24 espèces hivernantes (Bellatreche et Lellouchi, 2002), d'autres sédentaires nicheuses dans le Chott (Bouzid, 2003). Parmi ces dernières, l'Echasse blanche dont ses effectifs sont en croissance permanente (26 individus en 1997, 63 individus en 1998 et 95 individus en 1999 d'après la Conservation des forêts, 2000). L'Echasse blanche est une espèce non menacée mais protégée en Algérie par le décret n° 83-509 du 20 /08 /1983 et l'arrêté du 17/01/1995, relatifs aux espèces sauvages.

L'Echasse blanche, une représentante de la famille des Récurvirostridés dans l'Ouest paléarctique, est un limicole très élastique dans le choix de son habitat (Lippens et al., 1966 ; Cramp et Simmons, 1983) de par sont adaptation éco-morphologique (Barbosa et Morino, 1999). En Algérie, elle niche d'une façon régulière ou sporadique selon la saison dans plusieurs zones humides littorales ou continentales comme au sud Algérois (Jacob et Jacob, 1980) et Sebkha El Malah à El Goléa (Boumezbeur et al., 2005).

Les populations septentrionales sont migratrices, elles hivernent habituellement en Afrique tropicale, mais certains individus de Méditerranée et d'Afrique du Nord sont sédentaires (Rufino et Neves, 1995 ; Castro-Nogueira et al., 1997 ; Davidson et

11

al., 2002). L'Echasse blanche hiverne également au sud de l'Espagne et en Afrique du Nord.

En Europe et en Amérique du Nord l'Echasse a fait l'objet de plusieurs études sur son statut biogéographique et sa migration (Amat et Aguilera, 1990 ; Dubois, 1992 ; Rufino et Neves, 1992 ; Diaz et *al.*, 1996 ; Castro-Nogueira et *al.*, 1997 ; Marti et Del Moral, 2003), son régime alimentaire (Vermot, 1980 ; Goriup, 1982 ; Serrano et Cabot, 1983 ; Pérez-Hurtado et *al.*, 1997), sa biologie de la reproduction (Martinez-Vilalta, 1991 ; Cuervo, 1993 ; Amat, 1998 ; Arroyo, 2000) et son comportement (Goriup, 1982 ; Cramp et Simmons, 1983 ; Xeira, 1987 ; Dubois, 1992 ; Cuervo, 2003 ; 2005).

Dans ce travail, nous nous sommes intéressés à l'étude du Chott d'Aïn Beïda à travers l'avifaune qu'il accueille. Pour cela, nous avons analysé la structure du peuplement avien durant deux années (2004 et 2005), la phénologie de la reproduction de l'Echasse blanche, une des espèces nicheuses dans la région et nous avons estimé la richesse trophique de cet habitat à travers l'étude du régime alimentaire de cette espèce. Le but de ce travail est de démontrer l'importance écologique de ce site qui mérite d'être classé comme zone humide d'importance internationale selon la convention de Ramsar.

CHAPITRE 1 : DESCRIPTION DE LA RÉGION D'ÉTUDE

Les zones humides de la région de Ouargla accueillent plusieurs espèces aviennes surtout en période hivernale et vernale. Le Chott Aïn El Beïda semble être le site qui offre les meilleures conditions écologiques pour l'avifaune aquatique dans cette région (Bellatreche et Lellouchi, 2002 ; Bouzid, 2003). Ce chapitre traite la description physique et écologique de la région d'Ouargla et du Chott Aïn El Beïda.

1. Caractères mésologiques de la région

1.1. Géologie

La ville de Ouargla est située dans une région très peu accidentée. C'est une cuvette constituée de formation sédimentaire, tectoniquement stable et creusée dans un dépôt de continentale terminale (Hamdi-Aïssa, 2001), dans lequel alternent des sables rouges, les argiles, parfois des marnes et le gypse est peu abondant. Le dépôt date du Mio-Pliocène (Hamdi-Aïssa, 2001).

1.2. Paysages et reliefs de la cuvette de Ouargla

1.2.1. Hamadas

A l'Ouest de Ouargla, la vallée est limitée par le plateau de la Hamada à 250 m d'altitude et qui date du Pliocène, appelé localement «plateau des Gantra». Il s'abaisse légèrement d'Ouest en Est (Hamdi-Aïssa, 2001).

1.2.2. Erg

En plus du grand Erg occidental qui limite la région de Ouargla par l'Est et le Sud, les Ergs mineurs et les petits cordons dunaires situés à l'Est de la cuvette, s'allongent vers le Nord et qui représentent la frontière Est du grand Chott de Ouargla (Hamdi-Aïssa, 2001).

1.2.3. Glacis

Le versant de la cuvette de Ouargla présente quatre niveaux de glacis qui varient de 220 m pour le premier arrivant à 140 m d'altitude pour le dernier (Hamdi-Aïssa, 2001).

1.2.4. Chott et Sebkha

Les formations quaternaires occupent tous les niveaux bas, sédimentaires et forment des zones salées appelées Sebkhas (centre d'une dépression fermée et salée), ou bien Chott (zone entourant une sebkha (plage), par extension le mot désigne parfois la sebkha elle-même par exemple : Chott de Ouargla, est plus important que la sebkha elle-même). Ce sont de grandes zones d'épandage d'alluvions, le plus souvent sableux (Dutil, 1971). Les grands Chotts se trouvent dans le Sahara septentrional et plus particulièrement dans le Bas Sahara où ils s'allongent dans de larges vallées fossiles (Oued Rhir, Souf, M'ya, Igharghar etc....). Le grand Chott de Ouargla se présente sous forme d'un croissant entourant la ville et l'Oasis à l'Ouest, à l'Est et au Nord (Fig. 1). C'est sur le Chott que sont implantées les principales oasis de Ouargla.

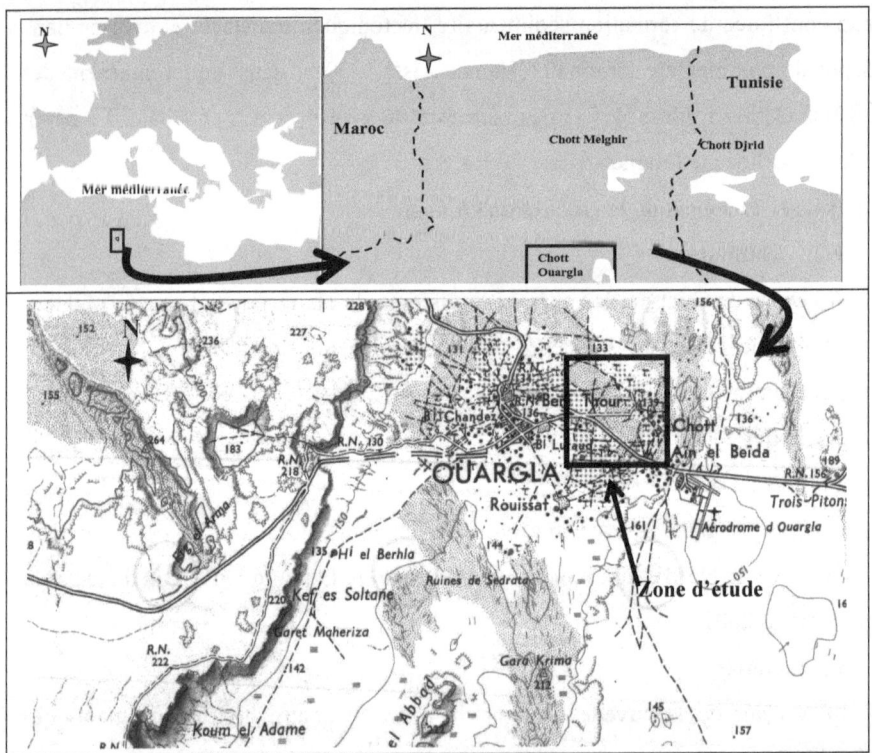

Figure 1 : *Carte topographique du site d'étude extraite de la carte topographique de 1954 (Echelle : 1/ 200 000, feuille de Ouargla)*

14

1.3. Sols

Les sols des zones arides de l'Algérie présentent une grande hétérogénéité et ils se composent essentiellement par des sols minéraux bruts, des sols peu évolués, des sols halomorphes et des sols hydromorphes (Dutil, 1971 ; Halitim, 1988). La fraction minérale est constituée dans sa quasi-totalité de sable. La fraction organique est très faible et ne permet pas une bonne agrégation. Ses sols squelettiques sont très peu fertiles et leur rétention en eau est très faible (Daoud et Halitim, 1994). Les sols de la région de Ouargla sont caractérisés aussi, par un pH alcalin, une activité biologique faible et une forte salinité (Daoud et Halitim, 1994 ; Hamdi-Aïssa et Girard, 2000).

Le Chott est constitué aux deux tiers de sable. En plus des sables anciens plus ou moins encroûtés, qui forment avec les formations alluviales sub-actuelles l'essentiel des sols du bas fond, les sables des accumulations éoliennes sont de deux catégories :

- Des sables ocre rouge à grains fins, issus probablement des sables rouges du Mio-Pliocène du plateau et qui ont été libérés lors du façonnement des glacis ;
- Des sables clairs, plus grossiers et gypseux. Ces derniers sont moins abondants et sont issus probablement de l'altération physique des encroûtements gypseux (Hamdi-Aïssa, 2001).

Au niveau du Chott, le dépôt en surface devient abondant et forme alors un encroûtement, constitué soit de calcaire, soit de gypse et de chlorures. Ainsi on observe souvent, au milieu des dunes, des petites dépressions à fond plat, revêtues d'une croûte blanche compacte de gypse et que l'on nomme communément "sebkhas" (Ozenda, 1958).

1.4. Réseaux hydrographiques

Le réseau hydrographique est formé de différents bassins versants (M'ya. Mzab, N'sa) qui se déversent dans la Sebkha de Safioune situé au Nord de la cuvette de Ouargla.

1.4.1. Oued M'ya

Il draine le versant Nord-est du plateau de Tademaït ; Il est en forme d'une vaste gouttière relevée au Sud (800 m) avec une inclinaison très faible (0,1 à 0,2 %) (Hamdi-Aïssa, 2001). Il est considéré comme fossile.

1.4.2. Oued N'sa et Oued M'Zab

Ces Oueds sont fonctionnels et peuvent avoir une ou deux crues par an et n'atteignent la cuvette de Ouargla que lorsque la crue est importante. Ils drainent le versant des piedmonts Sud-est de l'Atlas saharien et coulent donc de l'Ouest vers le Sud-est jusqu'à la sebkha Safioune.

1.5. Hydrogéologie

L'eau souterraine constitue la principale source d'eau dans la région de Ouargla. On distingue les nappes :

- Phréatique dite libre qui continue dans les sables alluviaux de la vallée. Elle est localisée principalement dans la vallée de Oued Righ et dans la cuvette de Ouargla. Selon Rouvillois-Brigol (1975) la nappe s'écoule du Sud vers le Nord suivant la pente de la vallée dont la profondeur varie de 1 à 8 m en fonction du lieu et de la saison. Les analyses des eaux de cette nappe montrent quelle est salée, avec une conductivité électrique de l'ordre de 5 à 10 dS/m et parfois dépasse les 20 dS/m (A.N.R.H, 1999).

- Du complexe terminal composée elle même de deux nappes. La première date du Miopliocène, dite également nappe de sable et fut à l'origine des palmeraies irriguées. Elle s'écoule du Sud Sud-Ouest vers le Nord Nord-Est en direction du Chott Mélghir. La salinité de cette dernière varie de 1,8 à 4,6 g/l. La deuxième qui date du sénonien est peu exploitée à cause de son faible débit. Sa profondeur varie de 140 à 200 m (Rouvillois-Brigol, 1975).

- Albienne est située entre 1000 et 1500 m, elle couvre une superficie de 600 000 Km^2. L'eau de cette nappe est caractérisée par une température élevée de l'ordre de 50°C à la surface.

1.6. Climat

Le climat thermique du Sahara (Ouargla) est relativement uniforme, ainsi, il est conditionné surtout par l'effet combiné de la température et la pluviosité (Ozenda, 1983). La présente caractérisation est faite à partir d'une synthèse climatique de 20 ans (de 1982 à 2002), des données de l'Office National de météorologie (O.N.M) (Tab. 1).

1.6.1. Température

La température moyenne annuelle est de 21,67°c avec un maximum en juillet (34,85°C) et un minimum en janvier (11,05°C).

1.6.2. Précipitations

La pluviométrie est réduite et irrégulière. La sécheresse est presque absolue du mai à août. Les précipitations annuelles sont de l'ordre de 38, 85 mm avec un maximum en novembre de l'ordre de 9,96 mm (Tab. 1). La moyenne annuelle indique que les précipitations sont de l'ordre de 38.85 mm (Fig. 2).

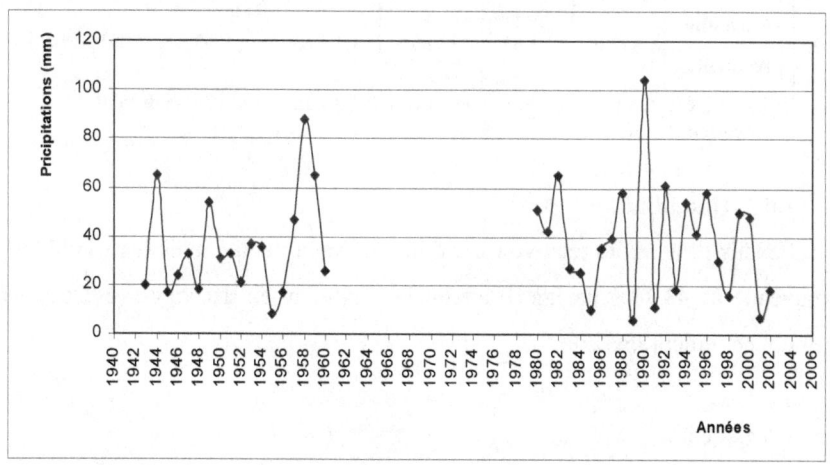

Figure 2 : *Evolution des précipitations annuelles à la station de Ouargla (1943 - 1960 et 1980 – 2002) (O.N.M, 2002)*

Tableau 1 : *Données météorologiques de la ville de Ouargla (1982-2002) (O.N.M, 2002)*

Facteurs Mois	H (%)	T (°C)	P (mm)	I (h)	Vv (m/s)	E (mm)
Janvier	62,60	11,05	3,40	230,70	3,05	81,88
Février	52,10	13,65	1,75	217,22	3,42	105,24
Mars	46,97	17,15	7,85	246,32	3,95	130,13
Avril	38,32	21,08	1,52	257,02	4,78	184,30
Mai	34,03	26,22	0,55	282,98	4,90	211,06
Juin	29,61	32,00	0,70	303,00	5,10	252,69
Juillet	25,32	34,85	0,25	342,96	4,40	274,30
Août	26,91	34,26	0,12	320,16	4,03	287,76
Septembre	35,17	30,02	5,15	259,45	4,01	223,85
Octobre	50,12	23,70	4,80	250,54	3,64	159,40
Novembre	59,05	16,12	9,96	224,13	2,95	97,75
Décembre	64,25	12,00	2,80	257,20	3,00	83,45
Moyenne Annuelle	43,70	21,67	38,85*	3191,68*	3,93	2091,81*

H: Humidité T: température; P: Précipitations; I: Insolation Vv: vitesse de vent; E: Evaporation; *Cumul.

1.6.3. Humidité

Le taux d'humidité relative varie d'une saison à l'autre, mais reste faible. Il est en moyenne de 43,70% par an. Il atteint le maximum en décembre (64,25%) et le minimum en juillet (25,32%).

1.6.4. Vents

D'après les données de l'O.N.M (2002), les vents sont fréquents sur toute l'année avec une vitesse moyenne annuelle de 3,93 m/s et une vitesse maximale de 5,10 m/s. Les vents de sable sont fréquents, surtout entre mars et mai, constituant ainsi un handicap pour l'activité des oiseaux souvent en migration prénuptiale qui coïncide avec cette période. Dans la région de Ouargla, les vents soufflent du Nord-est et du Sud ; en hiver, les vents les plus fréquents sont des vents d'Ouest. En revanche, au printemps les vents du Nord-est et d'Ouest dominent. Alors qu'en été, ils soufflent du Nord-est et en automne du Nord-est et Sud-ouest (Dubief, 1963), ce qui facilite des flux migratoires des oiseaux pour chaque période.

1.6.5. Evaporation

La région connaît une évaporation très intense renforcée par les vents chauds (Chaich, 2004). Elle est de l'ordre de 2091,81 mm/an, avec une valeur maximale de 287,76 mm au mois d'août et une minimale de 81,88 mm au mois de janvier.

1.6.6. Insolation

Selon Rouvillois-Brigol (1975) le ciel est totalement clair et dégagé durant 138 jours par an. La durée moyenne de l'insolation est de 265,97 heures/mois, avec un maximum de 342,96 heures en juillet et un minimum de 217,22 heures en février.

1.6.7. Classification du climat

1.6.7.1. Diagramme ombrothermique de Gaussen

Le diagramme ombrothermique de Bagnouls et Gaussen (1953), montre que la région de Ouargla est située dans une région sèche (Fig. 3).

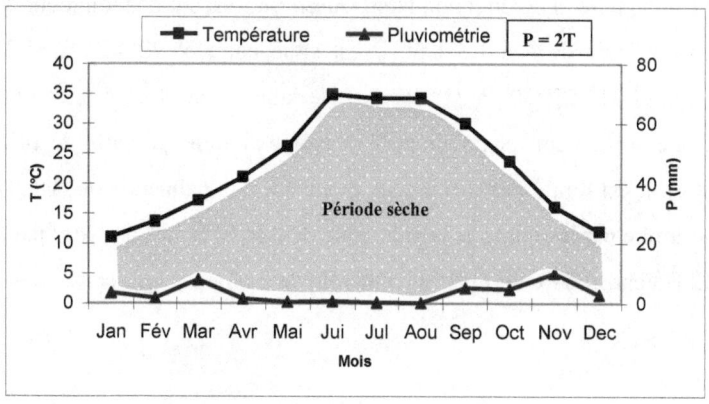

Figure 3 : Diagramme ombrothermique de la région de Ouargla (1982-2002)

1.6.7.2. Indice d'aridité de De Martonne

C'est le rapport de la pluie annuelle (en millimètre) à la température moyenne (°C) auquel on ajoute 10 : **I= P/T+10** (Ozenda, 1982). Lorsque la valeur I est inférieure à 5 (cas de la région de Ouargla), c'est l'aridité absolue (climat désertique : Tab. 2).

Tableau 2 : *Indice d'aridité des climats méditerranéens et désertiques*

		Précipitations	Température	Indice d'Aridité
Climat méditerranéen	Marseille	540	13.50	23
(Dajoz, 1978)	Oran	428	18	15.30
Climat désertique	Ouargla	39	22	1.22
(O.N.M, 2002)	Tamanrasset	20	21	0.65

2. Présentation du site d'étude

L'étude a été réalisée dans le Chott d'Aïn El Beïda appelé communément El Chott qui représente le prolongement Sud-est du grand Chott de Ouargla. C'est une dépression en forme de croissant, entourant la ville de Ouargla et sa palmeraie, dont l'alimentation en eau est étroitement liée au drainage de la palmeraie et les eaux usées. Le Chott, s'étend en direction Nord-ouest, Sud-est sur une longueur de 5.3 Km et une largeur varie de 1 à 1.5 Km. Il est situé entre 5° 22' 42" à 5° 21' 52"de longitude Est et 31° 57' 30" à 31° 59' 25" de latitude Nord avec une superficie de 6 853 ha, une profondeur maximale de 2 m et une altitude qui varie de 142 à 146 m (DGF, 2004). Il est limité par la route nationale 49 et la palmeraie de Bala au Sud. A l'Est, il est limité par les dunes et la palmeraie de Aïn El Beïda, au Nord par les dunes de Bour El Haïcha et à l'Ouest par la palmeraie de El Gara (Fig.1 et 4).

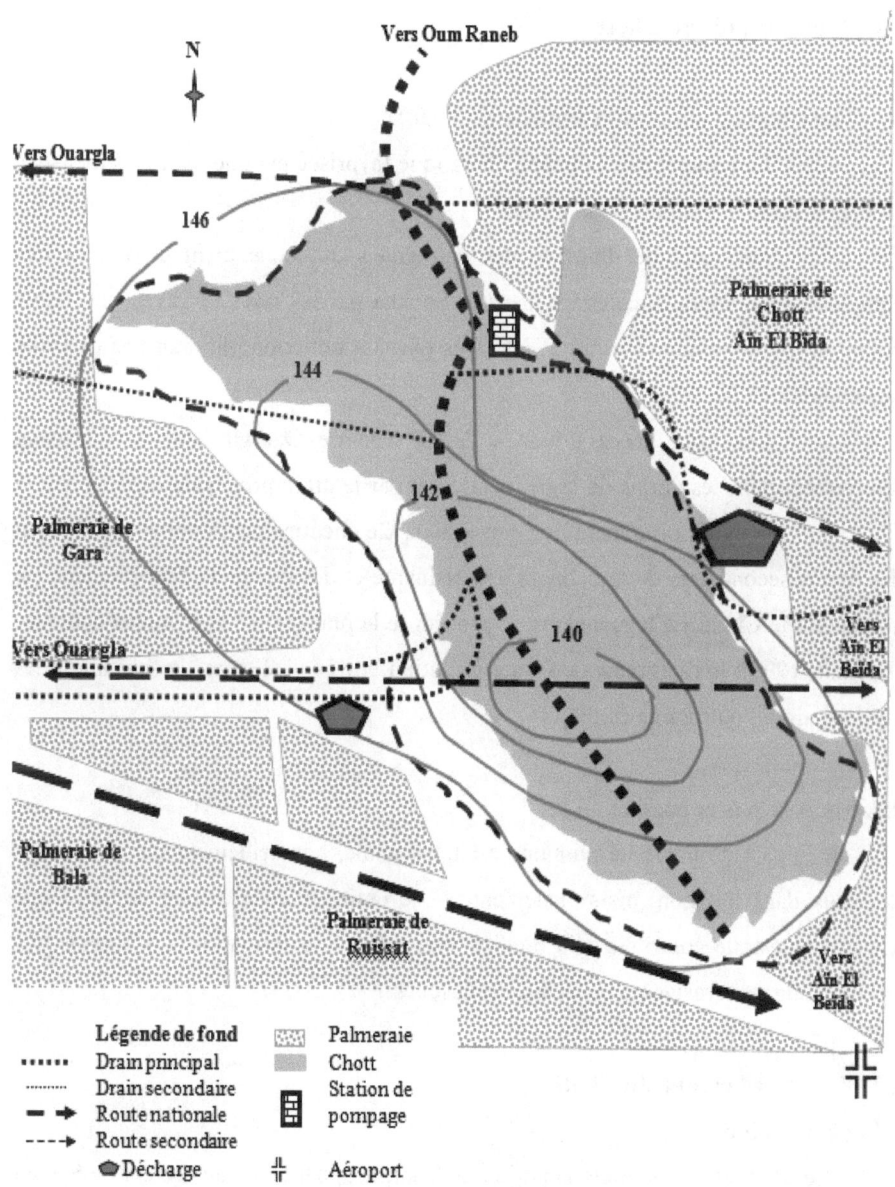

Figure 4: *Représentation schématique des différentes composantes du Chott Aïn El Beïda : topographie, occupation du sol, réseau de drainage, décharges et aménagements (TAD, 2002)*

21

2.1. Hydrographie du Chott

Le Chott est alimenté essentiellement par :

-       La remontée de la nappe phréatique favorisée par une texture sableuse et croûte en surface (Hamdi-Aïssa, 2001).

-       Les eaux de drainage des palmeraies qui constituent un réseau très complexe aboutissant directement dans la Sebkha par les rives Est avec une faible pollution (petite agglomération) et les rives Ouest à pollution plus importante (ville de Ouargla).

-       Les eaux usées urbaines de la ville de Ouargla, qui se déversent directement dans les drains de la palmeraie, ou par le drain principale qui traverse le Chott vers l'exutoire principale de Oum Raneb. Ce cheminement contient également des drains secondaires de la palmeraie avoisinante et des points de débordement qui alimentent le Chott. Le lagunage est la procédure la plus simple et la moins coûteuse (Racault, 1997), mais l'impact de cette pollution et très visible par la formation des voiles d'algues eutrophiques.

2.2. Microreliefs et bassins du sel

L'impact de l'activité humaine est très visible, non seulement par le passage des eaux dans le Chott, mais également par le drainage et la culture du sel. Cette activité ancestrale contribue à la biodiversité, grâce à la formation des bassins très riches en algues, crustacées, insectes, mollusques...

2.3. Valeur écologique du Chott

2.3.1. Flore

Le Chott ainsi que toute la région de Ouargla appartienne au secteur de Sahara septentrional, sous secteur oriental de secteur septentrional. Le site et la cuvette de Ouargla font partie du domaine saharo-méditerranéen, sous secteur Algérien (Barry et al., 1988). Le Chott d'Aïn El Beïda est presque entouré par la palmeraie. Le palmier dattier (*Phoenix dactylifera*) s'accommode bien aux conditions de la région. Ces jardins datent de la période coloniale avec une extension actuelle vers l'aval du Chott par le remblaiement des rives.

La répartition de la végétation dans le Chott est le reflet des conditions édaphiques et de la salinité. La répartition des roseaux (*Phragmites communis*) par exemple, indique les point d'eau permanents, tandis que les halophytes (annexe 2, planche 3) comme *Suaeda fruticosa* qui progresse de la palmeraie jusqu'à l'extérieur de la rive, et *Salicornia fruticosa* ainsi que *Halocnemum strobilaceum* qui dominent toute la bande du Chott, indiquent la progression du sel dans le sol. Les plantes aquatiques submergées sont moins diversifiées, elles sont représentées par *Ruppia maritima*. D'après Maire (1952), elle est inféodée aux eaux saumâtres et stagnantes et assez répandues en Algérie, du littoral jusqu'à Ouargla. Ce Potamogetonacé est un véritable récif flottant, recouvert des diatomées (algue microscopique) qui représentent les principaux phytoplanctons du Chott (Blondel et Aronson, 1999) et il abrite divers insectes à différents stades. Ce complexe (faune et flore aquatique) est totalement absent dans la partie Ouest, probablement à cause de l'accumulation des polluants.

Le Tamaris (*Tamarix gallica*) est également présent. Son alignement le long des drains et les rives Est et Ouest témoigne de sa plantation directe. Le Jonc (*Juncus maritimus*) progresse jusqu'à l'intérieur de la palmeraie et le *Zygophyllum album* apparaît sur les limites Nord.

Il faut également signaler la richesse en d'autres plantes spontanées qui se localise sur les drains secondaires et qui augmente en direction des palmerais surtout en printemps (Tab. 3).

Tableau 3 : *Principales espèces floristiques du Chott*

Familles	Espèces	Abondance relative
Poacae	*Phragmites communis* Trin.	Très abondant
Chenopodiaceae	*Suaeda fruticosa* Linné	Abondant
	Salicornia fruticosa Forsk.	Très abondant
	Halocnemum strobilaceum (Pall)	Abondant
Potamogetonaceae	*Ruppia maritima* Linné	Très abondant
Palmaceae	*Phoenix dactylifera* Linné	Très abondant
Juncaceae	*Juncus maritimus* Lam.	Très abondant
Zygophylaceae	*Zygophyllum album* Linné	Rare
Tamaricaceae	*Tamarix gallica* Linné	Très abondant
Plumbaginaceae	*Limoniastrum guynianum* Dur.	Rare
Frankeniaceae	*Frankenia thymifolia* Desf.	Peut abondant

2.3.2. Faune

La biodiversité du Chott se traduit surtout par sa richesse en invertébrées qui mérite un travail d'évaluation indépendant. L'identification des arthropodes susceptibles d'être consommés par l'Echasse blanche est rapportée dans le chapitre 4. Les invertébrés du Chott sont représentés essentiellement par : les insectes diptères (mouche et moustiques), coléoptères terrestres (coccinelle, charançon) et aquatique (hydrophilidés, dytiscidés), des Orthoptères (criquet, sauterelles..) et des libellules migrateurs. Aussi, des Arachnides (araignées sur la végétation), les Crustacés représenté par *Artemia salina* présente en moins depuis 1943 (Beadle, 1943 cité par Amat-Domenech et *al.*, 1991). Les Mollusques représentés par les limaces grises (*Agriolimax agrestis*) et même des Annélides oligochètes.

Il existe également plusieurs espèces de Mammifères, comme le Rat *Mus musculus*, un rongeur assez fréquent dans les jardins. Le sanglier qui apparu depuis quelques années, moins visible mais les traces de *Sus scrofa* se manifeste régulièrement indiquant son passage dans le Chott. En effet, l'envahissement du Chott par des groupements de phragmites, favorise sa présence dans le site. Le lièvre du cap qui s'abrite généralement sous les tamaris est également présent. D'autres espèces éventuellement présentes dans le site, indiquées par le TAD (2002) sont apportées dans le tableau suivant (Tab. 4).

Tableau 4 : *Liste des espèces mammifères sauvages dans le Chott (TAD, 2002)*

Famille	Nom commun	Nom scientifique
Canidés	Hyène rayée	*Hyaena hyaena* Linné, 1758
	Fennec	*Fennecus zerda* (Zimmerman, 1780)
Suidés	Sanglier commun	*Sus scrofa* Linné, 1758
Liporidés	Lièvre de Cap	*Lepus capensis* Linné, 1758
Gerbillides	Rat des sables	*Psammomys obesus* Cretzschmar, 1828
	Grande gerbille d'Egypte	*Gerbillus pyramidum* Geoffroy, 1825
	Petite gerbille des sables	*Gerbillus gerbillus* (Olivier, 1801)
	Gerbille naine	*Gerbillus nanus* Blanford, 1875
	Mérione du désert	*Meriones crassus* Sundevall, 1842
Dipodides	Petite gerboise	*Jaculus jaculus* Linné, 1758
Erinaceides	Herisson du desert	*Paraechinus aethiopicus* (Ehrinberg, 1833)
Rhinolophides	Rhinolophe fer à cheval	*Rhinolophus clivosus* Cretzschmar, 1828
Vespertilionides	Pipistrelle du désert	*Pipistrellus deserti* Thomas, 1902
	Pipistrelle de hemprich	*Otonycterus hemprichi*

Les poissons sont représentés par la Gambusie (*Gambusia affinis*) qui a été introduite en Algérie en 1926 et a été transplantée progressivement dans les oasis (Le Berre, 1989). La Gambusie est omniprésente dans les drains secondaires des palmeraies et dans la partie Sud du drain principal, à différents stades (alvins, adulte). En hiver, elle s'abrite dans les canaux les plus denses en phragmites et gagne les Sebkhas permanentes en été-automne. Les regroupements des espèces piscivores comme l'Aigrette garzette (*Egretta garzetta)* et l'Héron cendré (*Ardea cinerea),* indiquent les endroits les plus denses en poissons, au niveau du Chott. La deuxième espèce est représentée par le Tilapia nilotica (*Oreochromus niloticus*) introduite en 2004 d'après la D.P.R.H (2005), selon Belaroussi (2005), cette espèce observée en petite taille ne s'adapte pas aux eaux salées.

Le Chott de Aïn El Beïda abrite des effectifs aviens les plus élevés après celui de Oum Raneb, avec plus de 1302 individus (Bellatreche et Lellouchi, 2002). Le Flamant rose, le Canard souchet et l'Echasse blanches, sont les trois espèces les plus abondantes dans le site d'étude et dans toute la région (Tab. 5). L'avifaune du site d'étude représente 24% du total de l'avifaune algérienne et 60% du total des espèces qui fréquentent les zones humides (TAD, 2002).

Tableau 5 : *Principales espèces aviennes du Chott Aïn El Beïda d'après Bellatreche et Lellouchi (2002)*

Espèces	Nom scientifique
Tadorne de Belon	*Tadorna tadorna* (Linné, 1758)
Tadorne casareca	*Tadorna ferruginea* (Pallas, 1764)
Canard siffleur	*Anas penelope* Linné, 1758
Canard souchet	*Anas clypeata* Linné, 1758
Foulque macroule	*Fulica atra* Linné, 1758
Poule d'eau	*Gallinula chloropus* (Linné, 1758)
Râle d'eau	*Rallus aquaticus* Linné, 1758
Grèbe huppé	*Podiceps cristatus* Linné, 1758
Grèbe sp.	*Podiceps sp.*
Flamant rose	*Phoenicopterus ruber* Linné, 1758
Héron cendré	*Ardea cinerea* Linné, 1758
Cigogne blanche	*Ciconia ciconia* (Linné, 1758)
Echasse blanche	*Himantopus himantopus* (Linné, 1758)
Busard des roseaux	*Circus aeruginosus* (Linné, 1758)
Bécasseau variable	*Calidris alpina* (Linné, 1758)
Bécasseau minute	*Calidris minuta* (Leisler, 1812)
Bécassine des marais	*Gallinago gallinago* (Linné, 1758)
Chevalier gambette	*Tringa totanus* Linné, 1758
Chevalier combattant	*Philomachus pugnax* (Linné, 1758)
Gravelot à collier	*Charadrius alexandrinus* Linné, 1758
Petit Gravelot	*Charadrius debius* Scopoli, 1786
Bergeronnette grise	*Motacilla flava* Linné, 1758
Phragmite des joncs	*Acrocephalus schoenobaenus* (Linné,
Total	24

CHAPITRE 2 : STRUCTURE ET DYNAMIQUE DU PEUPLEMENT AVIEN DU CHOTT AIN EL BEIDA

En Afrique du Nord, les Chotts sont des lacs temporaires salés (Blondel et Aronson, 1999). Ces milieux les plus remarquables par leurs populations animales et végétales typiques, sont aussi les plus menacés du monde méditerranéen suite au déversement des déchets liquides et solides (Chott Marouane, lac d'El Goléa, Chott Oum Raneb. etc.). Les Chotts constituent un ensemble de biotopes très complexes liés aux caractéristiques majeures du climat méditerranéen : alternance, au cours de l'année, d'une ou plusieurs phases de mise en eau durant les périodes froides et fraîches, et d'une phase d'assèchement essentiellement estivale (Quézel, 1998).

La cuvette de Ouargla regroupe plusieurs zones humides de ce type : Chott Aïn El Beïda, les Sebkhas secondaires (Bamendil et Ruissate) issues du grand Chott de Ouargla et l'exutoire principale de Oum Raneb. Ils abritent une grande diversité avienne qui peut être la conséquence de l'interconnections (quotidiens et saisonniers) entre les différents sites dominés par un paysage floristique représenté par les palmerais. Les biotopes humides abritent le nombre le plus élevé d'espèces recensées d'après Bekkoucha (2002), dont l'amplitude de plusieurs habitats limitrophes accentue la richesse de cette zone humide. Une éventuelle élimination du Chott Aïn El Beïda provoquerait la réduction de certaines espèces migratrices (Guezoul, 2002).

La dynamique des populations s'intéresse aux variations d'abondance des populations. Au niveau le plus élémentaire, il s'agit simplement de décrire une population à un moment donnée : abondance, structure et phénomène démographique. A partir de ces connaissances, il est possible d'établir des projections qui décrivent les variations prévisibles de l'effectif et les changements de structure (Henry, 2001). Ainsi, plusieurs ouvrages traitent des modalités du séjour et de la répartition de l'avifaune dans le Sahara. Nous pouvons citer Heim de Balzac (1926),

Heim de Balzac et Mayud (1962) et Etchecopar et Hüe (1964). Au niveau local, le statut de plusieurs espèces reste ambigu ou à revoir (Boukhamza, 1990 ; Bouzid, 2003), suite à l'apparition des nouveaux sites. En conséquence, la richesse spécifique du Chott Aïn El Beïda reste jusqu'à nos jours un sujet de controverse de plusieurs auteurs.

De ce fait, une mise à jour des connaissances sur l'avifaune de cette zone humide est impérative non seulement pour combler le déficit concernant les données sur la richesse spécifique, mais de fournir des informations sur la structure du peuplement comme une unité homogène traitant surtout la prédation, la concurrence et l'effet de groupe. Toutefois, l'étude de la structure et la dynamique des oiseaux représentent la base de tout travail ornithologique approfondi.

Notre objectif est d'une part : l'étude de la composition et la structure de l'avifaune du Chott Aïn El Beïda, c'est-à-dire, de classer les espèces selon leurs statuts phénologiques (nicheuses, estivantes, hivernantes….), leurs abondances et leurs fréquence d'occurrence. Et d'autre part, la mise en évidence de l'influence des facteurs du milieu notamment les fluctuations du niveau d'eau.

1. Méthodologie

1.1. Méthode d'investigation sur le terrain

Plusieurs méthodes d'investigation ont fait l'objet d'une étude préliminaire. La première consiste à effectuer une enquête auprès de la population locale (agriculteurs, récupérateurs de sel…). La seconde méthode est basée sur le recensement des espèces aviennes à partir de stations d'observation choisies en fonction de la topographie du site. Cette méthode de dénombrement statique est exigeante en moyen de contact visuel et par conséquent, elle est très limitée dans le cas des stations où la végétation est dense.

En fin, la méthode de dénombrement absolu est la plus efficace pour un site qui s'étend sur 6 853 ha et un plan d'eau qui peut occuper souvent 1 000 ha (DGF, 2004).

28

1.2. Dénombrement de l'avifaune

En ornithologie, il existe plusieurs méthodes permettant de dénombrer les populations d'oiseaux dans un milieu donné (Blondel, 1975). La réalisation d'un bon dénombrement des oiseaux d'eau dépend des conditions météorologiques, du moment de la journée et de la pression de dérangement (Boukheroufa, 2001). Elle doit également être exécutée le plus rapidement possible pour éviter les erreurs dues aux déplacements des oiseaux selon un plan de dénombrement relatif et propre à notre station d'étude (Fig. 6). Ainsi, il n'existe pas de méthodes standard d'observation des oiseaux d'eau, applicable à tous les milieux et à tous moments.

1.2.1. Méthode de dénombrement total (absolu)

Il s'agit de dénombrer tous les individus des populations, ces méthodes concernent principalement les populations d'effectif très petit (Henry, 2001). Les populations à faible effectif (jusqu'à 1000 individus), facilement accessible et à distribution groupée, peuvent faire l'objet d'un dénombrement absolu (Benyacoub et Chabi, 2000). C'est le cas des sujets de notre station qui dépassent rarement les 1000 individus (flamant rose). En plus de faible densité de la végétation spontanée par rapport à celle de la palmeraie limitrophe, l'aménagement des routes (nationale, communale et piste) et la présence de drain facilitent le balayage de tous les secteurs et permettent un bon contact visuel.

Pour les oiseaux de grandes ou moyennes tailles qui présentent une grande dispersion sur l'ensemble des plans d'eaux (Echasse blanche, Avocette élégante, Tadorne casarca...), nous avons opté pour la méthode du comptage individuel. Le Chott est parcouru dans tout son périmètre selon un plan de dénombrement (Fig. 6) et l'échantillonnage est effectué tôt le matin à raison de deux dénombrements par semaine et cela de fin avril 2004 à fin mai 2005.

L'avantage de cette méthode est de relever le maximum d'effectifs réels dans un minimum de temps et d'inclure les espèces rares dont la répartition est limitée dans des endroits typiques. L'inconvénient de cette méthode est le déplacement des espèces pendant notre passage ; ce qui peut affecter notre dénombrement. Cette erreur est minimisée par le double dénombrement effectué en même temps et ne représente alors que 5% pour les relevés extrêmes.

1.2.2. Méthode de sectorisation

Elle est utilisée dans le cas où le milieu n'est pas homogène et où la densité varie selon les caractéristiques de ce dernier. Pour cela, le site est divisé en secteurs relativement homogènes, dans lesquels la densité est jugée relativement uniforme.

Cette méthode s'applique dans le cas des oiseaux d'eau de petite taille où les regroupements sont supérieurs à 1000 individus (Gravelot à collier interrompu). Dans une surface très limitée, il est impératif de fractionner l'ensemble du site (Fig. 5) ou même de fractionner l'espace occupé pour une meilleure estimation (Henry, 2001). L'inconvénient de cette méthode est la répartition non homogène de quelques espèces rares dont l'apparition est timide ou sensible à la vue du chercheur.

1.3. Analyse de la structure du peuplement

1.3.1. Richesse totale ou richesse spécifique (S)

La richesse totale d'un peuplement est le nombre total d'espèces contactées au moins une fois au terme des N relevés réalisés dans un milieu (Blondel, 1975). L'adéquation de ce paramètre à la richesse réelle est plus importante dans le cas où le nombre de relevé est plus grand. Dans notre cas c'est l'ensemble des espèces observées durant la période d'étude.

1.3.2. Richesse moyenne (s)

Pour permettre une comparaison statistique de la richesse de plusieurs peuplements (Blondel, 1975), en calcule la richesse moyenne d'un peuplement qui est la moyenne des richesses stationnaires. Ce paramètre n'accorde qu'un faible poids aux espèces rares et n'exprime, par conséquent, que le nombre d'espèces que l'on peut considérer comme représentatives d'un milieu donné (Benyacoub et Chabi, 2000). C'est la moyenne des richesses par relevé et dans notre cas, elle exprime la moyenne des richesses mensuelles et saisonnières.

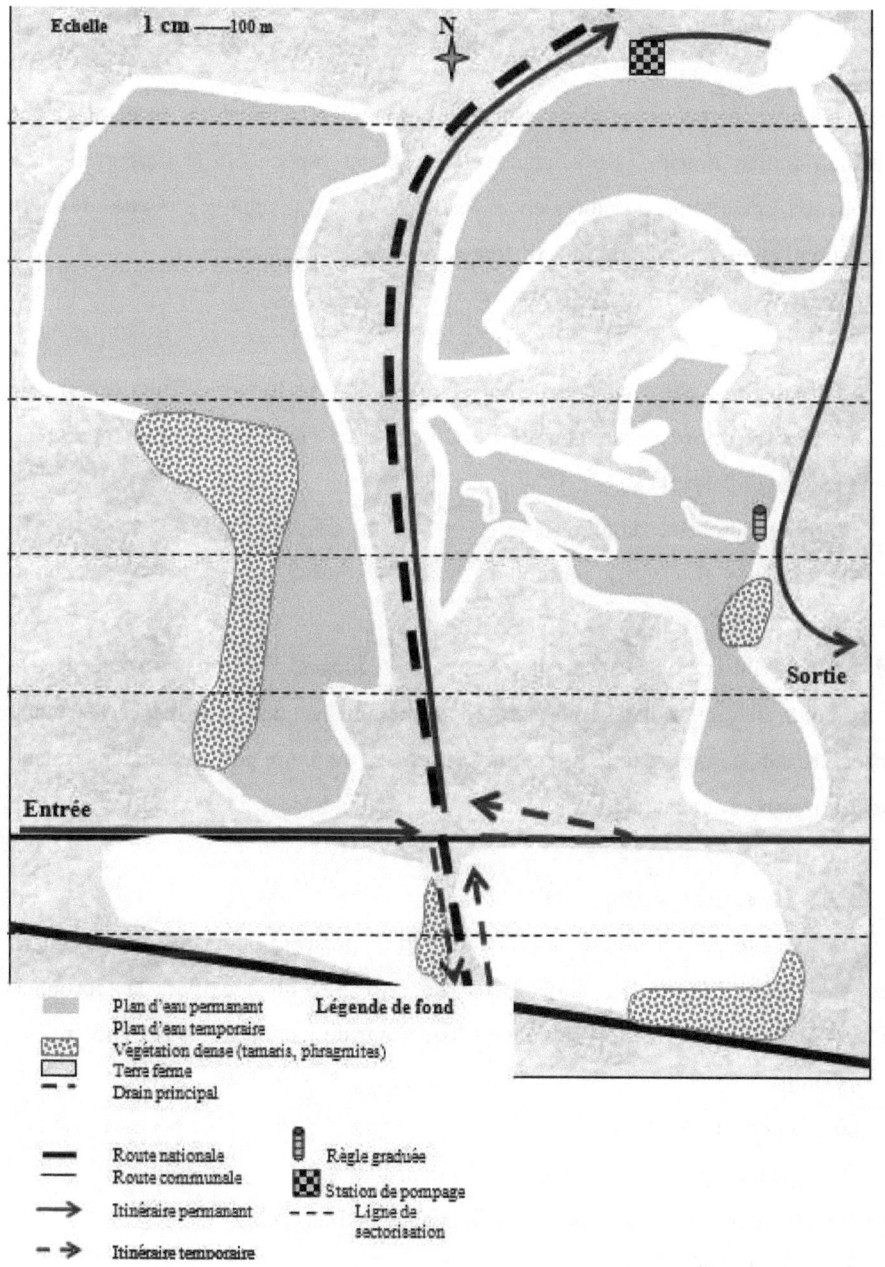

Échelle 1 cm ——100 m

N

Sortie

Entrée

Légende de fond
Plan d'eau permanent
Plan d'eau temporaire
Végétation dense (tamaris, phragmites)
Terre ferme
Drain principal

Route nationale
Route communale
Itinéraire permanent
Itinéraire temporaire

Règle graduée
Station de pompage
Ligne de sectorisation

Figure 5 : *Plan de dénombrement de l'avifaune dans le Chott Aïn El Beïda (original)*

1.3.3. Abondances (spécifiques et relative)

L'abondance spécifique d'une espèce est le nombre d'individus de cette espèce dans un milieu donné. L'abondance relative d'une espèce est le rapport de son abondance spécifique à l'abondance totale (fréquence relative). Cette dernière correspond au nombre d'individus de toutes les espèces du peuplement.

2.3.4. Fréquence d'occurrence (fi)

La fréquence d'occurrence est le rapport exprimé sous la forme d'un pourcentage du nombre de relevés contenant l'espèce i prise en considération par rapport au nombre total de relevés (Dajoz, 1982).

L'espèce peut être omniprésente (fi = 100%), constante (75% ≤ fi < 100%), régulière (50% ≤ fi < 75%), commune (25% ≤ fi < 50%), rare (5 ≤ fi < 25%) voire exceptionnelle

(fi < 5%) (Muller, 1985). Dans notre cas, la fréquence d'occurrence d'une espèce correspond au rapport du nombre de sorties durant lesquelles les espèces ont été observées sur le nombre total des sorties effectuées durant la période d'étude à raison de deux sorties par semaine.

1.3.5. Diversité spécifique (H')

La diversité est fonction de la probabilité Pi de présence de chaque espèce i dans un ensemble d'individus. La valeur de H' est donnée par la formule :

H' = - ∑ Pi log₂ Pi (les logarithmes utilisés étant de base 2, H' s'exprime en bit : binary digit).

où : **Pi = ni / N**

Pi : Abondance relative de l'espèce de rang i

N : Abondance du peuplement, ni Abondance de l'espèce i

S : Richesse spécifique.

L'indice de Shannon est pratiquement indépendant de la taille de l'échantillon et tient compte de l'abondance relative de chaque espèce (Dajoz, 1982).

1.3.6. Equitabilité (E)

C'est le rapport de la diversité observée H' à la diversité théorique ou maximale H'max (Ramade, 1984). Cet indice mesure l'écart d'un peuplement par rapport à son équilibre théorique : $E = H'/H'max$ où : $H'max = Log_2 S$

L'équitabilité varie de 0 à 1. Elle tend vers 0 quand la quasi totalité des effectifs est concentré sur une espèce ou bien vers 1 lorsque toutes les espèces ont une même abondance (Ramade, 1984). Ce cas théorique est inexistant dans la nature, dans la mesure où il existe toujours des espèces rares dans un peuplement.

1.3.7. Dominance (IDo)

La dominance d'une espèce i dans un peuplement est la moyenne pour tous les relevés du rapport entre son effectif (ou biomasse) et l'effectif (ou biomasse) de l'ensemble des espèces contactées dans un relevé, l'indice de Simpson est en particulier efficace en détectant la dominance (Shochat et *al.*, 2004) : $IDo = \sum di / R$ où : $di = ni/N$.

ni : abondance ou biomasse de l'espace i dans un relevé.

N : abondance du peuplement dans le même relevé.

R : nombre total des relevés.

Dans notre cas, nous avons calculé la dominance saisonnière à partir des biomasses de chaque espèce i. La dominance calculée à partir de l'abondance relative, est insignifiante dans la mesure où la différence de la taille est très importante entre les différentes espèces (flamant rose et bécasseau minute par exemple).

La dominance de chaque espèce varie de 0 à 1. Elle tend vers 0 quand une espèce est totalement absente ou bien vers 1 lorsque la quasi totalité des effectifs est concentrée sur une espèce (dominance totale), cas rare uniquement pour les populations pure.

1.4. Niveau de la nappe

Afin de mesurer l'influence des fluctuations du niveau de la nappe sur la répartition des oiseaux d'eau, sur les plans d'eau communiquants. Nous avons installé une règle graduée dans la zone la plus dense en nids, après avoir fixé le tube (partie fixe) sur un plan d'eau permanent, nous avons marqué à chaque fois le niveau de ce dernier. Pour notre cas, le zéro représente le niveau le plus bas en période estivale (Fig. 46 ; Photo, 12).

1.5. Analyse statistique des données

Nous avons utilisé le coefficient de corrélation de Pearson pour analyser les relations entre les différents paramètres. Pour cela, nous avons utilisé le logiciel STATISTIX (1995).

2. Résultats
2.1. Description du patrimoine biologique

Les 74 relevés (sorties) dont 15 relevés au printemps (2004), 13 en été (2004), 16 en automne (2005), 18 en hiver (2004-2005) et 16 au printemps (2005), ont révélé que le Chott Aïn El Beïda se caractérise par une importante richesse avienne. Elle est représentée par 76 espèces, qui appartiennent à 10 ordres taxonomiques différents et 27 familles. Les Oiseaux d'eau sont représentés par 41 espèces. L'avifaune du Chott est composée de 23 espèces Passériformes, 19 espèces Charadriiformes, 09 espèces Ansériformes et Ciconiiformes chacune, 5 espèces Falconiformes, 4 espèces Ralliformes, 03 espèces Columbiformes, 02 espèces Coraciiformes, une espèce Strigiforme et une Apodiforme. Ils se répartissent sur 28 familles dont les Scolopacidae regroupent 11 espèces, les Anatidae 9 espèces, les Ardeidae et les Turdidae chacune 6 espèces, les Sylviidae 5 espèces, les Hirundinidae et les Rallidae sont représentées chacune par 4 espèces, les Charadriidae, les Colombidae, les Accipitridae avec 3 espèces (Tab. 6).

Tableau 6 : *Structure de l'avifaune du Chott Aïn El Beïda*

Ordres	Familles	Espèces
Falconiformes	Accipitridae	*Circus aeruginosus* (Linné, 1758)
		Elanus caeruleus (Desfontaines, 1789)
		Buteo rufinus (Cretzschmar, 1829)
	Falconidae	*Falco tinnunculus* Linné,1758
		Falco biarmicus Temmink, 1825
Ansériformes	Anatidae	*Anas platyrhynchos* Linné, 1758
		Anas acuta Linné, 1758
		Anas penelope Linné, 1758
		Anas clypeata Linné, 1758
		Anas querquedula Linné, 1758
		Aythya nyroca (Linné, 1758)
		Marmaronetta angustirostris (Ménétries, 1832)
		Tadorna ferruginea (Pallas, 1764)
		Tadorna tadorna (Linné, 1758)
Apodiformes	Apodidae	*Apus apus* Linné, 1758
Charadriiformes	Charadriidae	*Charadrius hiaticula* Linné, 1758
		Charadrius alexandrinus Linné, 1758
		Charadrius dubius Scopoli, 1786
	Scolopacidae	*Calidris ferruginea* (Pontoppidan, 1763)
		Calidris minuta (Leisler, 1812)
		Gallinago gallinago (Linné, 1758)
		Lymnocryptes minimus (Brunnich, 1764)
		Tringa erythropus Linné, 1758
		Philomachus pugnax (Linné, 1758)
		Tringa ochropus Linné, 1758
		Tringa totanus Linné, 1758
		Tringa hypoleucos Linné, 1758

		Tringa glareola Linné, 1758
		Tringa nebularia (Gunnerus, 1767)
	Sternidae	*Chlidonias hybridus* (Pallas, 1811)
		Sterna caspia Pallas, 1770
	Recurvirostridae	*Recurvirostra avosetta* Linné, 1758
		Himantopus himantopus (Linné, 1758)
	Glareolidae	*Glareola pratincola* (Linné, 1766)
Ciconiiformes	Ciconiidae	*Ciconia ciconia* (Linné, 1758)
	Phoenicopteridae	*Phoenicopterus ruber* Linné, 1758
	Ardeidae	*Egretta garzetta* (Linné, 1766)
		Ardea alba Linné, 1758
		Ardea cinerea Linné, 1758
		Bubulcus ibis (Linné, 1758)
		Nycticorax nycticorax (Linné, 1758)
		Ixobrychus minutus (Linné, 1766)
	Threskiornithidae	*Plegadis falcinellus* (Linné, 1766)
Passériformes	Corvidae	*Corvus ruficollis* Lesson, 1831
	Passeridae	*Passer* sp.
	Hirundinidae	*Hirundo rustica* Linné, 1758
		Delichon urbica (Linné, 1758)
		Riparia riparia (Linné, 1758)
		Hirundo daurica Laxmann, 1769
	Laniidae	*Lanius senator* Linné, 1758
		Lanius meridionalis Linné, 1758
	Motacillidae	*Motacilla flava iberiae* Linné, 1758
		Motacilla flava feldegg Linné, 1758
		Motacilla alba alba Linné, 1758
	Sylviidae	*Sylvia borin* (Boddaert, 1783)
		Sylvia atricapella Linné, 1758
		Sylvia melanocephala (Gmelin, 1789)

		Phylloscopus trochilus (Linné, 1758)
		Acrocephalus schoenobaenus (Linné, 1758)
		Cercotrichas galactotes (Tenmminck, 1820)
		Luscinia svecica cyanecula (Linné, 1758)
	Turdidae	Phoenicurus ochruros (Gmelin, 1774)
		Oenanthe oenanthe (Linné, 1758)
		Saxicola torquata (Linné, 1766)
		Saxicola rubetra (Linné, 1758)
	Timaliidae	Turdoides fulvus (Desfontaines, 1787)
	Muscicapidae	Muscicapa striata (Pallas, 1764)
	Meropidae	Merops apiaster Linné, 1758
Coraciadiforme	Upupidae	Upupa epops Linné, 1758
		Fulica atra Linné, 1758
	Rallidae	Porzana porzana (Linné, 1766)
Ralliformes		Gallinula chloropus (Linné, 1758)
		Rallus aquaticus Linné, 1758
Strigiformes	Strigidae	Asio flammeus (Pontoppidan, 1763)
		Streptopelia senegalensis (Linné, 1766)
Columbiformes	Columbidae	Streptopelia turtur (Linné, 1758)
		Streptopelia decaocto (Frivaldszky, 1838)
Total : 10	**27**	**76**

Parmi les 76 espèces qui fréquentent le Chott, 8 sont nicheuses dont 1 nicheuse probable (les nids sont représentés par des simples rejets des œufs), 29 espèces hivernantes, 7 espèces estivantes, 21 visiteurs de passage et en fin 18 espèces sédentaires dont 7 nicheuses (Tab. 7).

Tableau 7 : *Présentation des espèces aviennes selon leurs statuts phénologique dans la région d'étude*

N	Espèces	Nom scientifique	Statut phénologique
1	Busard des roseaux	*Circus aeruginosus*	H
2	Elanion blanc	*Elanus caeruleus*	V.P
3	Tarier des près	*Saxicola rubetra*	V.P
4	Canard colvert	*Anas platyhyrhynchos*	H
5	Canard pilet	*Anas acuta*	H
6	Canard siffleur	*Anas penelope*	H
7	Canard souchet	*Anas clypeata*	H
8	Fuligule nyroca	*Aythya nyroca*	H
9	Sarcelle d'été	*Anas querquedula*	H
10	Sarcelle marbrée	*Marmaronetta angustirostris*	E
11	Tadorne casarca	*Tadorna ferruginea*	S.N
12	Tadorne de belon	*Tadorna tadorna*	H
13	Martinet noir	*Apus apus*	V.P
14	Aigrette garzette	*Egretta garzetta*	S
15	Grande aigrette	*Ardea alba*	H
16	Héron cendré	*Ardea cinerea*	S
17	Héron garde bœufs	*Bubulcus ibis*	H
18	Bihoreau gris	*Nycticorax nycticorax*	V.P
19	Grand Gravelot	*Charadrius hiaticula*	E
20	Gravelot à collier interrompu	*Charadrius alexandrinus*	S.N
21	Petit Gravelot	*Charadrius debius*	V.P
22	Cigogne blanche	*Ciconia ciconia*	V.P
23	Corbeau brun	*Corvus ruficollis*	S
24	Faucon crécerelle	*Falco tinnunculus*	V.P
25	Faucon lanier	*Falco biarmicus*	H
26	Glaréole à collier	*Glareola pratincola*	V.P
27	Hirondelle de cheminée	Hirundo rustica	V.P
28	Hirondelle de fenêtre	*Delichon urbica*	V.P
29	Hirondelle de rivage	*Riparia riparia*	V.P
30	Hirondelle rousseline	*Hirundo daurica*	V.P
31	Pie-grièche à tête rousse	*Lanius senator*	E
32	Pie-grièche méridionale	*Lanius meridionalis*	S.N
33	Guêpier d'Europe	*Merops apiaster*	V.P
34	Bergeronnette printanière	*Motacilla flava*	V.P
35	Bergeronnette grise	*Motacilla alba*	H
36	Gobe-mouche gris	*Muscicapa striata*	S
37	Flamant rose	*Phoenicopterus ruber*	S.(N)

38	Foulque macroule	*Fulica atra*	H
39	Marouette ponctuée	*Porzana porzana*	H
40	Poule d'eau	*Gallinula chloropus*	S.N
41	Râle d'eau	*Rallus aquaticus*	H
42	Avocette élégante	*Recurvirostra avosetta*	E.N
43	Echasse blanche	*Himantopus himantopus*	S.N
44	Bécasseau cocorli	*Calidris ferruginea*	V.P
45	Bécasseau minute	*Calidris minuta*	S
46	Bécassine des marais	*Gallinago gallinago*	H
47	Bécassine sourde	*Lymnocryptes minimus*	H
48	Chevalier arlequin	*Tringa erythropus*	H
49	Chevalier combattant	*Philomachus pugnax*	S
50	Chevalier cul-blanc	*Tringa ochropus*	H
51	Chevalier gambette	*Tringa totanus*	H
52	Chevalier guignette	*Tringa hypoleucos*	H
53	Chevalier sylvain	*Tringa glareola*	H
54	Chevalier aboyeur	*Tringa nebularia*	V.P
55	Guifette moustac	*Chlidonias hybridus*	V.P
56	Sterne Caspienne	*Sterna caspia*	V.P
57	Hiboux des marais	*Asio flammeus*	-
58	Fauvette des jardins	*Sylvia borin*	H
59	Fauvette à tête noire	*Sylvia atricapilla*	H
60	Fauvette Melanocephale	*Sylvia melanocephala*	H
61	Pouillot fitis	*Phylloscopus trochilus*	S.N
62	Phragmite des joncs	*Acrocephalus schoenobaenus*	S
63	Ibis falcinelle	*Plegadis falcinellus*	V.P
64	Cratérope fauve	*Turdoides fulvus*	E
65	Agrobate roux	*Cercotrichas galactotes*	V.P
66	Gorge bleu à miroir blanc	*Luscinia svecica cyanecula*	H
67	Rouge queue noir	*Phoenicurus ochruros*	H
68	Traquet motteux	*Oenanthe oenanthe*	V.P
69	Tarier pâtre	*Saxicola torquata*	H
70	Huppe fasciée	*Upupa epops*	S
71	Buse féroce	*Buteo rufinus*	H
72	Tourterelle maillée	*Streptopelia senegalinsis*	S
73	Tourterelle turque	*Streptopelia decaocto*	S
74	Tourterelle des bois	*Streptopelia turtur*	E
75	Blongios nain	*Ixobychus minutus*	E
76	Moineau ind.	*Passer* sp.	S

N : nicheur ; S : sédentaire ; H : hivernant ; E : estivant ; (N) : nicheur probable ;
V.P : visiteur de passage.

2.2. Fréquence d'occurrence

L'avifaune du Chott est composée de 08 espèces omniprésentes, 04 espèces constantes, 11 espèces régulières, 22 espèces communes, 25 espèces rares et 06 exceptionnelles. Les deux dernières catégories regroupent en majorité les espèces migratrices de passage, dont le temps de passage ne dépasse pas les quelques jours (Tab. 8).

Tableau 8 : *Fréquence d'occurrence des espèces*

Espèces	Nom scientifique	Fréquence d'occurrence (fi%)	Catégorie
Aigrette garzette	*Egretta garzetta*	100	OP
Bécasseau minute	*Calidris minuta*	100	OP
Echasse blanche	*Himantopus himantopus*	100	OP
Gravelot à Collier interrompu	*Charadrius alexandrinus*	100	OP
Poule d'eau	*Gallinula chloropus*	100	OP
Tadorne casarca	*Tadorna ferruginea*	100	OP
Tourterelle maillée	*Streptopelia senegalinsis*	100	OP
Moineau ind.	*Passer* sp.	100	OP
Avocette élégante	*Recurvirostra avosetta*	98,65	CT
Flamant rose	*Phoenicopterus ruber*	91,89	CT
Pie grièche méridionale	*Lanius meridionalis*	79 ,73	CT
Héron cendré	*Ardea cinerea*	75.68	CT
Chevalier combattant	*Philomachus pugnax*	71,62	RG
Chevalier cul-blanc	*Tringa ochropus*	68,92	RG
Phragmite des joncs	*Acrocephalus schoenobaenus*	68,92	RG
Gobe-mouche gris	*Muscicapa striata*	63,51	RG
Grande aigrette	*Ardea alba*	63,51	RG
Busard des roseaux	*Circus aeruginosus*	60,81	RG
Grand Gravelot	*Charadrius hiaticula*	60,81	RG
Bergeronnette printanière	*Motacilla flava*	59,46	RG
Hirondelle de cheminée	*Hirundo rustica*	58,11	RG
Bergeronnette grise	*Motacilla alba*	55,41	RG
Fauvette de jardins	*Sylvia borin*	54,05	RG

Chevalier gambette	*Tringa totanus*	48,65	CM
Tourterelle turque	*Streptopelia decaocto*	48,65	CM
Chevalier guignette	*Tringa hypoleucos*	48,65	CM
Chevalier arlequin	*Tringa erythropus*	47,30	CM
Corbeau brun	*Corvus ruficollis*	45,95	CM
Petit Gravelot	*Charadrius debius*	45,95	CM
Chevalier sylvain	*Tringa glareola*	43,24	CM
Canard souchet	*Anas clypeata*	41,89	CM
Râle d'eau	*Rallus aquaticus*	41,89	CM
Tadorne de belon	*Tadorna tadorna*	40,54	CM
Hirondelle de fenêtre	*Delichon urbica*	39,19	CM
Hirondelle de rivage	*Riparia riparia*	36,49	CM
Fuligule nyroca	*Aythya nyroca*	35,14	CM
Héron garde-bœufs	*Bubulcus ibis*	35,14	CM
Pouillot fitis	*Phylloscopus trochilus*	35,14	CM
Canard colvert	*Anas platyhyrhynchos*	32,43	CM
Sarcelle marbrée	*Marmaronetta angustirostris*	32,43	CM
Canard siffleur	*Anas penelope*	29,73	CM
Buse féroce	*Buteo rufinus*	29,73	CM
Faucon lanier	*Falco biarmicus*	28,38	CM
Rouge queue noir	*Phoenicurus ochruros*	28,38	CM
Tourterelle des bois	*Streptopelia turtur*	28.38	CM
Foulque macroule	*Fulica atra*	24,32	RR
Cigogne blanche	*Ciconia ciconia*	22,97	RR
Hibou des marais	*Asio flammeus*	22,97	RR
Sarcelle d'été	*Anas querquedula*	22,97	RR
Bécassine sourde	*Lymnocryptes minimus*	20,27	RR
Huppe faciès	*Upupa epops*	20,27	RR
Guêpier d'Europe	*Merops apiaster*	18,92	RR
Traquet motteux	*Oenanthe oenanthe*	18,92	RR
Pie-grièche à tête rousse	*Lanius senator*	14,86	RR
Fauvette Melanocephale	*Sylvia melanocephala*	13,51	RR
Tarier pâtre	*Saxicola torquata*	12,16	RR
Agrobate roux	*Cercotrichas galactotes*	10,81	RR
Bécassine des marais	*Gallinago gallinago*	10,81	RR
Fauvette à tête noire	*Sylvia atricapilla*	10,81	RR

Bécasseau cocorli	*Calidris ferruginea*	9,46	RR
Martinet noir	*Apus apus*	9,46	RR
Cratérope fauve	*Turdoides fulvus*	8,11	RR
Glaréole à collier	*Glareola pratincola*	8,11	RR
Canard pilet	*Anas acuta*	6,76	RR
Blongios nain	*Ixobychus minutus*	6,76	RR
Hirondelle rousseline	*Hirundo daurica*	6,76	RR
Tarier des près	*Saxicola rubetra*	5,41	RR
Gorgebleue à miroir blanc	*Luscinia svecica cyanecula*	5,41	RR
Ibis falcinelle	*Plegadis falcinellus*	5,41	RR
Sterne caspienne	*Sterna caspia*	5,41	RR
Elanion blanc	*Elanus caeruleus*	4,05	EX
Faucon crécerelle	*Falco tinnunculus*	4,05	EX
Guifette moustac	*Chlidonias hybridus*	4,05	EX
Marouette ponctuée	*Porzana porzana*	4,05	EX
Chevalier aboyeur	*Tringa nebularia*	2,70	EX
Bihoreau gris	*Nycticorax nycticorax*	1,35	EX

OP : Omniprésente (Fi = 100%); CT : Constante (75% ≤ Fi <100%); RG : Régulière (50% ≤ Fi < 75%); CM : Commune (25% ≤ Fi <50%); RR : Rare (5 < Fi < 25%); EX : Exceptionnelle (Fi < 5%).

2.3. Variation des paramètres de structure du peuplement

3.3.1. Richesse spécifique et moyenne

La richesse spécifique montre une variation annuelle. Elle varie en moyenne de 12 espèces en juillet à 40 espèces en mars (2005). La richesse spécifique passe par trois phases : La richesse spécifique régresse entre avril et juin. Elle se stabilise entre juin et octobre. Enfin, elle augmente entre octobre et mars (Fig. 6).

Le printemps est la saison la plus riche avec une moyenne de 35 espèces. L'hiver est également une saison relativement riche avec une moyenne de 30 espèces (Fig. 6 et Fig. 7). L'été est la saison la moins riche avec une moyenne de 13 espèces. Cette dernière est proche du nombre des sédentaires (Fig. 7). En automne, nous observons une moyenne de 16 espèces.

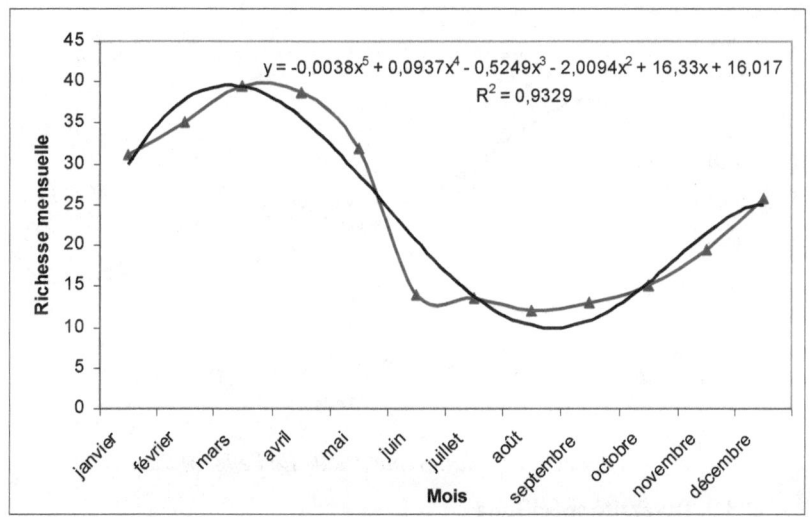

Figure 6 : Variation annuelle de la richesse spécifique

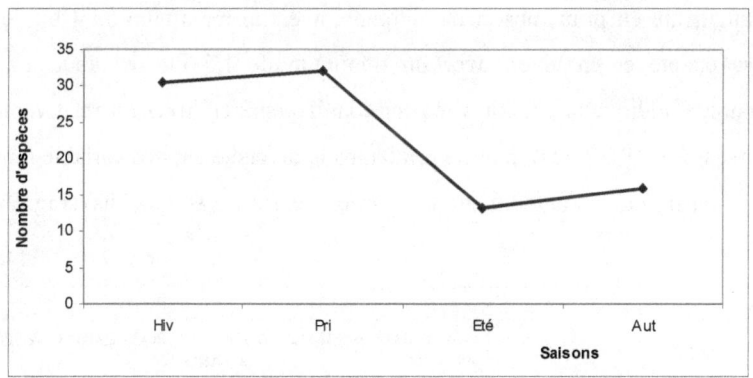

Figure 7 : Variation de la richesse saisonnière

2.3.2. Abondance

L'effectif moyen annuel est de 3329 individus. Les moyennes mensuelles varient de 1255 individus en octobre à 6199 individus en mars. L'abondance passe par deux pics : le premier en mars (6199 individus) et le deuxième en août avec 3773 individus. L'abondance mensuelle trace une fréquence régressive de l'hiver vers l'automne (Fig. 8).

43

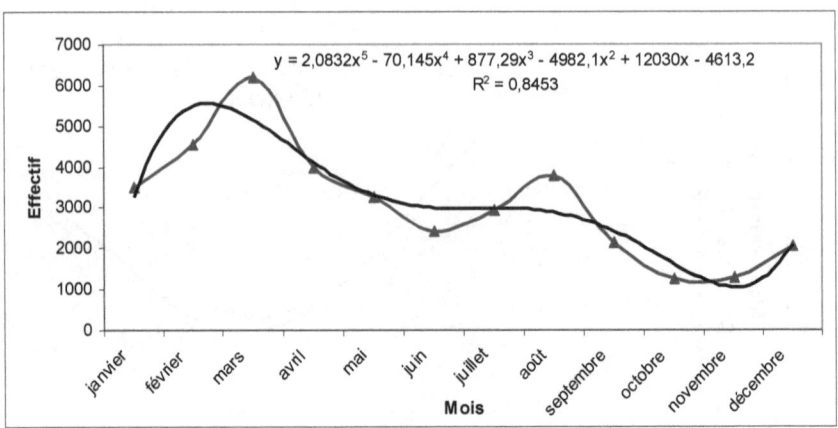

Figure 8 : Variation mensuelle de l'effectif total

2.3.3. Diversité spécifique

Les variations de la diversité spécifique indiquent une fréquence saisonnière qui augmente en printemps et en automne, avec un maximum de 4 bits en avril et baisse en été et en hiver, avec un minimum de 1.5 bits en août. La diversité saisonnière indique une faible variation ; la diversité en hiver est relativement stable (varie entre 2.71 à 2 bits), pour le printemps la diversité est très variable (entre 1.85 à 4 bits), ainsi l'été et l'automne moins variable (entre 1.5 et 2.62 bits) (Fig. 9).

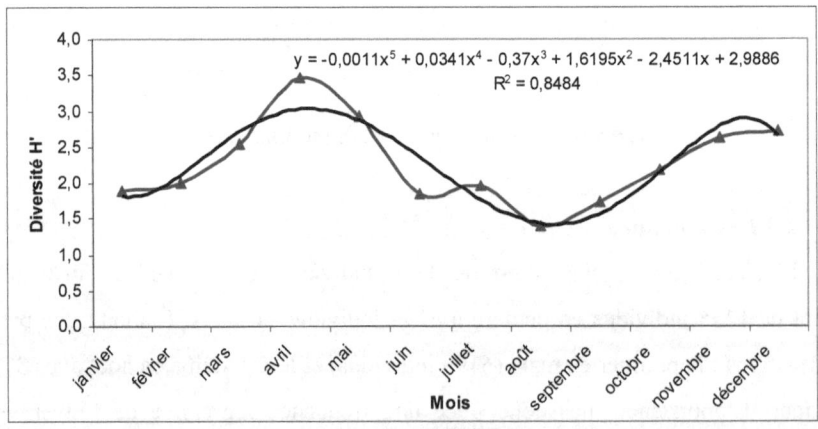

Figure 9 : Variation annuelle de la diversité spécifique

44

2.3.4. Equitabilité

La moyenne de l'équitabilité est de 0.50, l'évolution annuelle de l'èquitabilité s'exprime en fréquence saisonnière où elle progresse au printemps et automne pour atteindre un maximum de 0.62 et régresse en été et en hiver pour arriver à un minimum de 0.39. La variation de l'équitabilité au cour de l'année indique que les espèces qui fréquentent le Chott en des effectifs non équilibré (une ou des espèces à effectifs dominant) (Fig. 10).

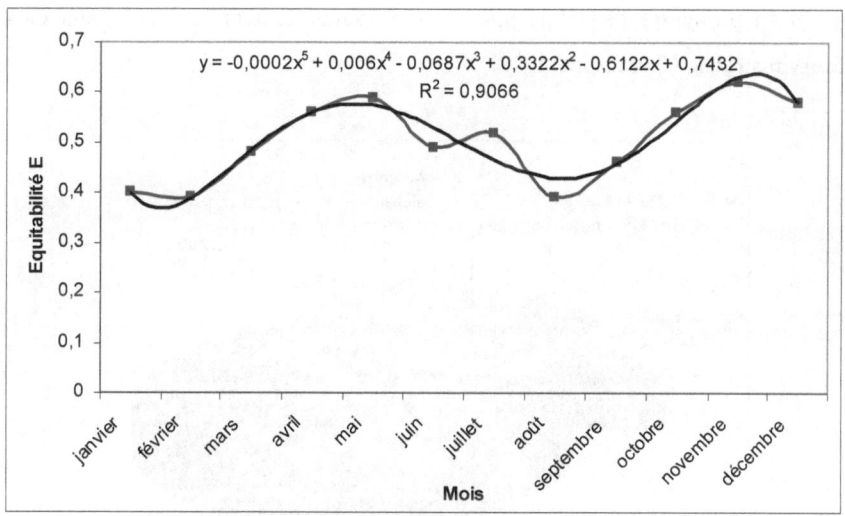

Figure 10 : Evolution annuelle de l'Equitabilité

2.3.5. Dominance (Ido)

La dominance calculée à partir de la biomasse brute de chaque espèce indique une forte valeur pour le flamant rose qui dépasse cinq fois la valeur de l'espèce suivant et qui marque une dominance annuelle absolu (Fig. 11). Une première classe se distingue et qui varie entre 0,6856 et 0,1222 comprend successivement : le flamant rose et l'Echasse blanche deux espèces avec une valeur de dominance supérieur à 10 % de la biomasse totale. Une deuxième classe qui regroupe le Gravelot à collier

45

interrompu, la Tadorne Casarca, l'Avocette élégante et le Canard souchet qui représentent la classe des dominées avec une valeur de dominance entre 1 et 10 %. Une troisième classe représente les espèces très dominées et qui regroupe le reste des espèces dont la dominance ne dépasse pas le seuil de 1% de la biomasse totale de la population du Chott (Fig. 11).

La dominance saisonnière montre une dominance absolue du flamant rose en automne, hiver et printemps (successivement : 0,831, 0,914 et 0,638) par contre, en été l'Echasse blanche domine toute les espèces avec une valeur de 0,350 (Fig. 12). Au niveau des familles, les hivernants (Phœnicoptéridés, Anatidés) qui dominent en hiver et en printemps cèdent la place aux estivants nicheurs qui dominent en été (Récurvirostridés, Charadriidés).

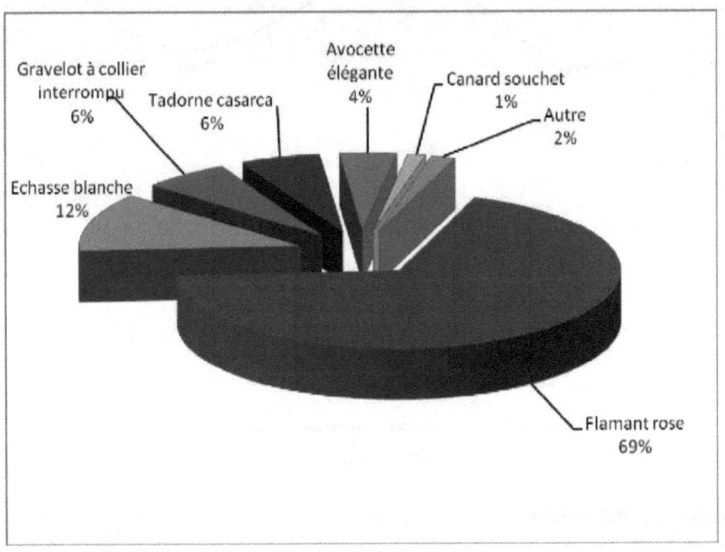

Figure 11 : *Valeur de la dominance calculée à partir de la biomasse des principales espèces (Indice de dominance Ido > 0.01)*

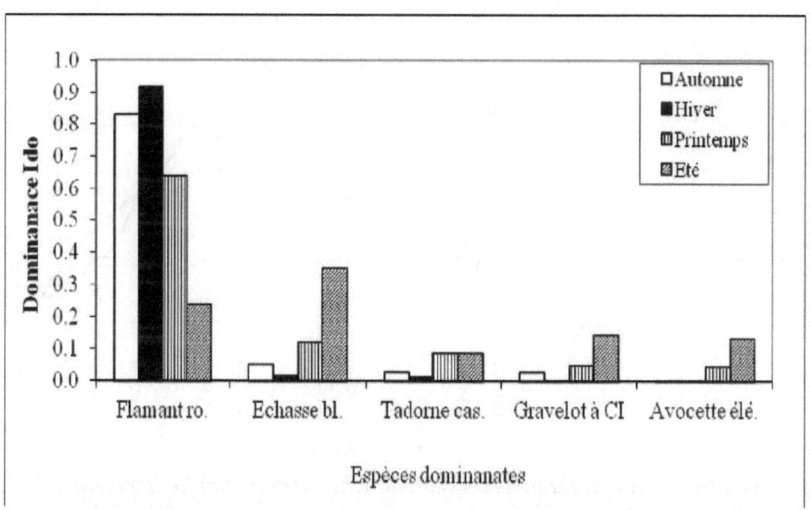

Figure 12 : Dominance saisonnière des cinq premières espèces dominantes dans le Chott

2.4. Effet des facteurs du milieu « niveau d'eau »

Les prélèvements du niveau d'eau durant 9 mois indiquent deux pics soit de 47 cm le 06/12/2004 et 74.5 cm le 03/03/2005. Ils sont suivis de deux niveaux bas, avec 26.2 cm le 13/01/2005 et 14 cm le 01/05/2005. Ces variations montrent une indifférence du niveau de l'eau aux variations saisonnières (Fig. 13). En effet, au delà de 25 cm de hauteur d'eau, les différents plans d'eau, communiquent par le drain principal, qui les alimentent directement.

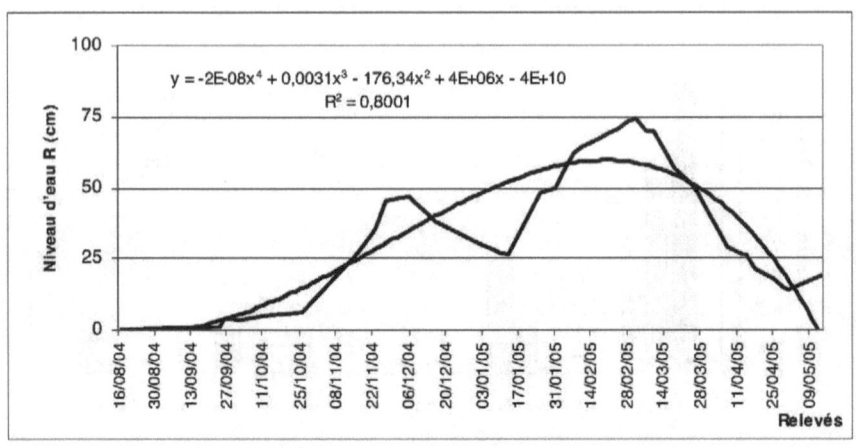

Figure 13 : Evolution du niveau d'eau du Chott Aïn El Beïda, le niveau 25 cm correspond au débordement du drain principal

3.4.1. Effet des variations de niveau d'eau sur la structure du peuplement

Il existe une relation positive et significative entre l'évolution annuelle de la richesse spécifique et celle du niveau d'eau (r = 0,53, ddl = 46, P ≤ 0.01) (Fig. 14).

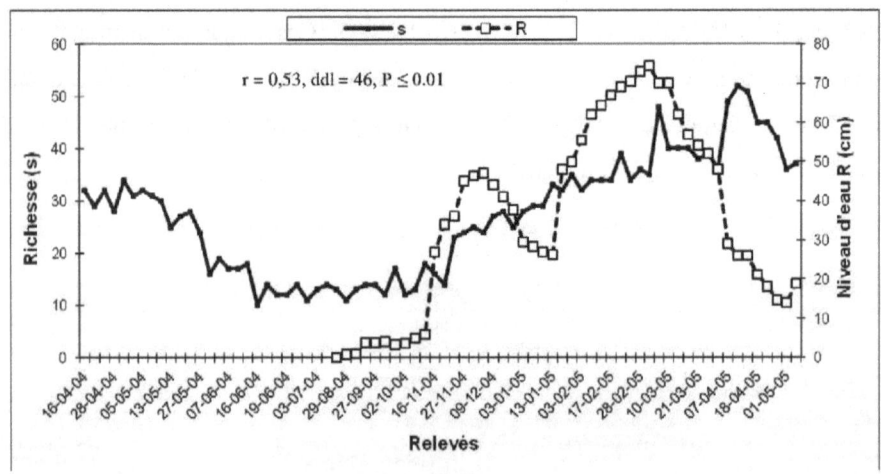

Figure 14 : Evolution annuelle de la richesse spécifique (s) et du niveau d'eau (R)

2.4.2. Niveau d'eau et Anatidés

L'évolution des effectifs des Anatidés montre deux groupes distincts : un groupe à effectif stable, inférieur à 100 individus et qui représente l'effectif sédentaire du Tadorne casarca. Un autre dont l'effectif peut atteindre 500 individus et qui représente l'ensemble des autres Anatidés. Il existe une relation positive et très hautement significative entre la variation de l'effectif des Anatidés et celle du niveau d'eau (r = 0,91, ddl = 46, P ≤ 0.001) ; les effectifs des Anatidés augmentent avec l'élévation du niveau de la nappe (Fig. 15).

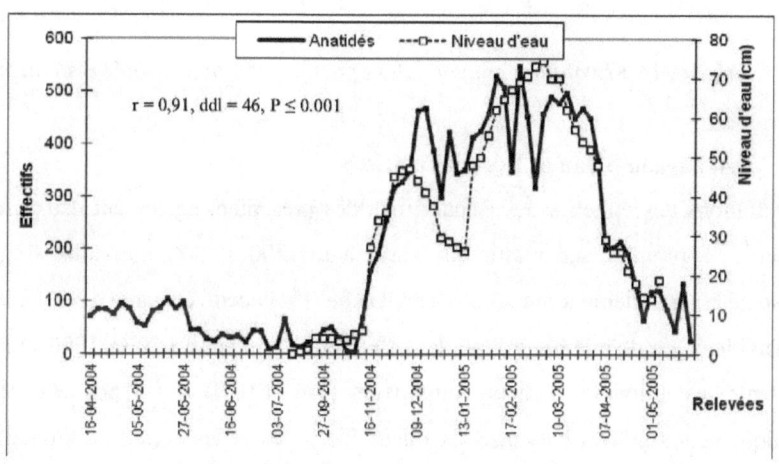

Figure 15 : Evolution annuelle des effectifs Anatidés et du niveau d'eau (R)

2.4.3. Niveau d'eau et Charadriidés

Les effectifs des Charadriidés montrent également deux groupes distincts : le premier est inférieur à 100 individus et qui correspond aux individus sédentaires du Gravelot à collier interrompu et le deuxième qui correspond à l'ensemble des Charadriidés hivernants. Il existe une relation négative et hautement significative (r = -0,45, ddl = 46, P ≤ 0.01) entre les effectifs de Charadriidés et le niveau d'eau. Les effectifs diminuent avec l'élévation du niveau du plan d'eau (Fig. 16).

49

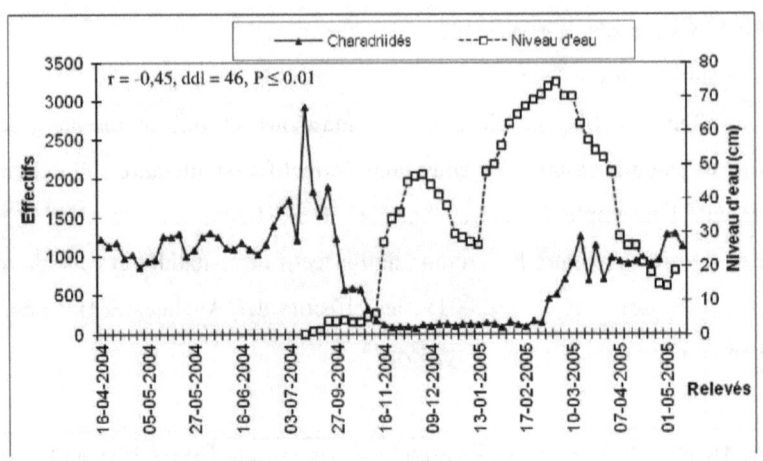

Figure 16 : Evolution annuelle des effectifs des Charadriidés et du niveau d'eau (R)

2.4.4. Niveau d'eau et Récurvirostridés

Les variations des effectifs des Récurvirostridés présentent également deux groupes distincts : le premier sédentaire qui varie entre 200 à 500 individus (Fig. 18) représenté essentiellement par l'Echasse blanche (l'Avocette élégante avec seulement 09 individus). Le deuxième groupe dont l'effectif varie entre 650 et 1300 individus représente les individus nicheurs migrateurs (Fig. 17). Il n'y a pas une relation statistiquement significative entre les Récurvirostridés et les variations annuelles du niveau de la nappe (r = 0.10, ddl = 46, P ≤ 0.05 ns).

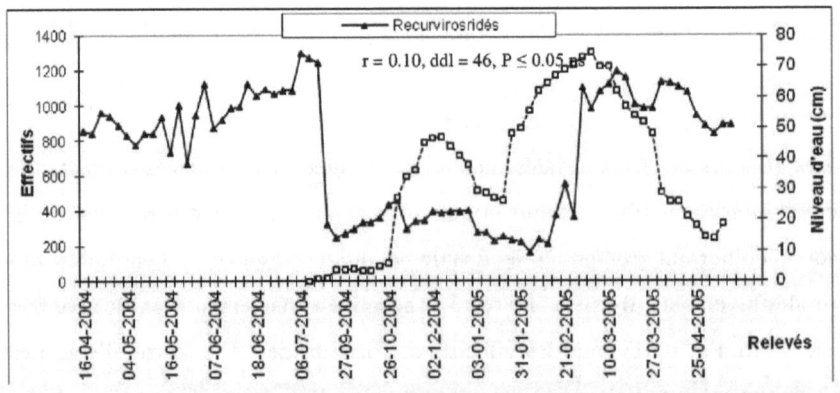

Figure 17 : Evolution annuelle des effectifs des Récurvirostridés et du niveau d'eau (R)

Les résultats obtenus montrent une richesse aviaire importante du Chott Aïn El Beïda avec 76 espèces. Les Oiseaux d'eau sont dominants, suivis par les passereaux, les rapaces et même les Colombidés, indiquant une importante amplitude du milieu. La distribution numérique de ces oiseaux confirme l'important rôle écologique des zones humides sahariennes comme sites d'escale (21 espèces), d'hivernage (29 espèces) et de sédentarisation pour plusieurs espèces d'oiseaux (18 espèces) originaires essentiellement de la grande région paléarctique.

La migration, la reproduction et la prédation influencent la dynamique annuelle des oiseaux, cependant, le niveau de la nappe conditionne les activités de ces derniers. Ce niveau est étroitement lié aux rejets des eaux usées urbaines. La fréquence de pompage peut alors façonner la structure du peuplement avien du Chott.

Malgré cela, le Chott Aïn El Beïda acquière une importance internationale par rapport à quatre espèces d'oiseaux d'eau (Flamant rose, Tadorne casarca, Echasse blanche et Gravelot à collier interrompu) qu'il abrite et dont les effectifs dépassent régulièrement le 1% des individus de la population régionale (méditerranée occidentale). D'où l'importance de l'étude sur la biologie de reproduction de l'Echasse blanche dans le Chott, proposé pour être classé zone Ramsar.

CHAPITRE 3 : PHÉNOLOGIE DE LA REPRODUCTION DE L'ÉCHASSE BLANCHE

L'Echasse blanche a été observée pour la première fois en 1926 dans le sud algérien (Heim de Balzac, 1926). Elle est actuellement une espèce nicheuse en Algérie puisque sa nidification a été observée à la Macta en 1956 par Makatsch. Ce n'est qu'en 1970 que la reproduction de l'Echasse a été signalée dans le Sahara (Chegga/Biskra) par Groh et à Ouargla, en 1982 par Van Den Berg (Isenmann et Moali, 2000).

L'Echasse blanche est représenté dans le Chott Aïn El Beïda par deux populations ; une population sédentaire et une autre migratrice. Cette sédentarisation est la conséquence des facteurs écologiques favorables à ce statut phénologique (Hoffmann et Parsons, 1991 ; Blondel, 1995 ; James, 1995 ; Mullié et al.,1999 ; Sibly et Hone, 2002).

Plusieurs études ont été réalisées sur la biologie de la reproduction de l'Echasse blanche d'une part en Europe occidentale (Castro-Nogueira, 1993 ; Amat, 1998 ; Cuervo, 2003) et en Afrique méridionale (Hockey et Douie, 1995 ; Tarboton, 2001). Cependant, il n'y a presque pas de travaux sur la biologie des espèces qui nichent dans le Sahara (Boukhamza, 1990). C'est une des raisons qui nous a motivé à mener ce travail à savoir, l'étude de la phénologie de la reproduction de l'Echasse blanche dans la région de Ouargla au niveau du Chott Aïn El Beïda.

1. Matériel et méthodes

1.1. Modèle biologique

L'Echasse d'Europe et d'Afrique du Nord appartient à la sous espèce H. himantopus himantopus (Heim de Balzac, 1926 ; Heim de Balzac et Mayaud, 1962 ; Etchécopar et Hüe, 1964). D'après Cramp et Simmons (1983), l'Echasse blanche est un limicole, reconnaissable par un bec noir, droit et fin comme une aiguille, un plumage blanc au dessous et noir au dessus (Fig.16) et les longues pattes qui dépassent nettement la queue au vol. Le mâle est un peu plus grand que la femelle avec plus de reflets verdâtres. La femelle a un dos brun noir brillant qui contraste avec des ailes noires. La femelle a la tête blanche, parfois maculée, tandis que le mâle arbore une nuque noire en plumage nuptial. En hiver, les mâles et les femelles ont la tête entièrement blanche. Les ailes pointues sont entièrement noires chez l'adulte. L'Echasse blanche mesure 35 à 40 cm avec 67 à 83 cm d'envergure et un poids de 160 à 200 g environ (Paris, 1970).

L'Echasse blanche présente une seule couvée par an où la femelle pond généralement 4 oeufs ovoconiques, verts olive maculés de gris et de noir. L'incubation qui dure 22 à 26 jours (Paris, 1970) est effectuée par les deux parents (Cramp et Simmons, 1983 ; Cuervo, 2005). Les jeunes nidifuges quittent le nid 24h après l'éclosion (Cramp et Simmons, 1983).

C'est une espèce grégaire qui niche entre avril et juin en petites colonies de 10 couples, souvent près d'autres espèces en défendant un petit territoire. Le lien entre les couples est maintenu toute l'année. Un couple est habituellement fidèle jusqu'à la mort d'un partenaire (Cramp et Simmons, 1983 ; Szekely et al., 2000). Les nids sont habituellement construits sur les îlots, ou sur des roseaux, et parfois même sur la végétation flottante (Cuervo, 2004).

L'Echasse blanche est une espèce cosmopolite, qui fréquente les zones humides. Elle est très répandue en Afrique, en Amérique, en Asie du Sud, en Australie et en Europe. Elle niche régulièrement en Espagne, au Portugal, dans le Sud de la France et le Sud-est de l'Europe, mais rarement en Europe centrale et en Hollande et de manière discontinue en régions tropicales, subtropicales et tempérées (Tourenq et al., 1995 ; Snow et Perrins, 1998).

Les populations d'Europe sont migratrices et hivernent en Afrique et en Asie du Sud. Au moment de la migration, l'Echasse blanche est également observée en Grande-Bretagne et au Danemark. Elle regagne son aire de nidification au plus tard vers le mois avril (Cramp et Simmons, 1983). En Afrique elle hiverne notamment au

Sénégal et dans le delta intérieur du Niger/Mali. Actuellement, les effectifs des hivernants sont en croissance dans la zone méditerranéenne (Rufino et Neves, 1995). En Algérie l'Echasse blanche est présente toute l'année. Les populations migratrices sont observées durant deux périodes (Juin à octobre et mi-mars à mai). Les populations hivernants sont observées dans les zones humides littorales, des Hauts plateaux où elle niche en abondance (Jacob et Jacob, 1980). Dans le Sahara plusieurs centaines d'individus hivernent à Ouargla et El Goléa. D'après Cramp et Simmons (1983), la sous espèce nicheuse, *H. himantopus himantopus*, niche dans le sud de l'Algérie (Biskra, Touggourt) même à El Goléa (Boumezber et *al.*, 2005).

1.2. Méthodologie d'échantillonnage

Au moment de la nidification (début avril), nous avons effectué trois visites par semaine pour la première saison (2004) et des visites quotidiennes pour la deuxième saison (2005). Durant les sorties, nous avons inspecté systématiquement toutes les rives du Chott pour recenser le maximum des nids. Les visites duraient cinq à dix heures par jour.

En 2004 nous avons recensé 67 nids sur la partie Est du Chott repartis sur les bordures des bassins de sel et des îlots, sur une superficie de 24 ha. En revanche, en 2005, nous avons recensé 177 nids répartis sur une superficie de plus de 100 ha.

Une fois les nids identifiés, nous avons noté les paramètres suivants :

- Les mensurations des nids : profondeur de la coupe, diamètre interne (s'il existe) et diamètre externe du nid ;

- La densité des nids par colonie ;

- La distance qui sépare les nids de la berge ;

- Le support et le matériau de chaque nid ;

- Les paramètres de la reproduction représentés par :

- La date de ponte qui représente la ponte du premier œuf du couple le plus précoce. Pour toutes les dates le premier avril correspond au jour 1.

-La période de ponte qui représente la durée entre la ponte du premier œuf du couple le plus précoce et la ponte du premier œuf du couple le plus tardif.

-La grandeur de ponte qui représente le nombre d'œufs qu'une femelle peut pondre.

-Les caractéristiques des œufs de chaque couvée, en déterminant la masse de chaque œuf, à l'aide d'une balance électronique (HR 2385) de capacité de 1 à 5 000 g (précision 1g), la longueur et la largeur à l'aide d'un pied à coulisse (précision 0,1 mm). Les mesures ont été réalisées entre le premier et le cinquième jour de l'incubation. Nous avons alors calculé le volume des œufs en utilisant l'équation développée par Hoyt (1979) : $EV = 0,51*EL * EB^2$ où EV : volume, EL : longueur et EB : largeur.

-La durée d'incubation qui représente la durée entre la fin de la ponte et l'éclosion du premier œuf (Cuervo, 2004) ;

-Le succès moyen de la reproduction qui représente le nombre d'œufs éclos sur le nombre d'œufs pondus ;

Nous avons également suivi la croissance des poussins. Les adules sont également mesurés lors de leur capture pour l'étude du régime alimentaire.

Nous avons mesuré :
- Le bec total (à partir de la plaque frontale jusqu'au bout du bec ;
- Le bec narine : à partir de la fin des narines jusqu'au bout du bec ;
- L'envergure qui représente l'espacement entre les deux extrémités des ailes (rémiges primaires) ;
- La longueur du tarso-métatarse ;
- La masse corporelle.

Les nouveaux nés sont mesurés et pesés systématiquement. Les bagues de différentes couleurs ont été utilisées pour marquer les individus.

1.3. Analyse statistique des données

Pour chaque paramètre, nous avons calculé la moyenne et l'écart type. Nous avons utilisé l'analyse de la variance pour comparer deux ou plusieurs moyennes entre elles et le coefficient de corrélation de Pearson pour analyser la relation entre certains paramètres. Pour toutes ces analyses, nous avons utilisé le logiciel STATISTIX pour Windows (1995).

2. Résultats

2.1. Caractéristiques des nids

La nidification est localisée exclusivement dans la zone Est du Chott Aïn El Beïda pour l'année 2004 où la densité de la végétation est la plus importante. En revanche, en 2005 la nidification est localisée sur la zone Est et Ouest du Chott. La partie sud ne présente aucun signe de nidification de notre espèce.

Les nids sont groupés en colonie pure d'Echasse blanche, mixte avec le Gravelot à collier interrompu ou avec l'Avocette élégante. Il existe même des colonies qui regroupent les trois espèces.

Les nids sont disposés sur un amas de végétation à la base d'une touffe de Salicorne (*Salicornia fruticosa*) ou dans une simple dépression au sol aménagée avec des croûtes de sel et/ou des tiges de *Salicornia fruticosa*, d'autres sont bâtis en forme de monticule (annexe 2, planche 2). Des matériaux d'origine végétale les plus utilisés sont *Salicornia fruticosa, phragmites communis, Tamarix gallica, Suaeda fruticosa, Halocnemum strobilaceum* et rarement *Ruppia maritima* pour renforcer certains monticule.

Dans notre cas, les nids représentés par une simple dépression dans le sol dépourvu de diamètre interne sont désignés par le type **I** (annexe 2, planche 2). Les nids qui possèdent les deux diamètres distincts sont désignés par le type **II**.

2.1.1. Répartition et densité spatiotemporelle des nids

Les 32 nids recensés en 2004 sont localisés dans la zone Est du Chott, répartis sur les rives et regroupés en 7 colonies (Fig. 19). La superficie des colonies varie de 0.02 à 0.42 ha. Le nombre des nids par colonie varie entre 2 et 8 et la densité varie de 18.18 à 250 nids par hectares.

Sur les 177 nids recensées en 2005 pour la totalité du Chott, 146 nids sont situés sur la zone Est regroupés sur 6 colonies et 3 îlots. La zone Ouest comporte 31 nids regroupés sur 3 colonies (Fig. 18).

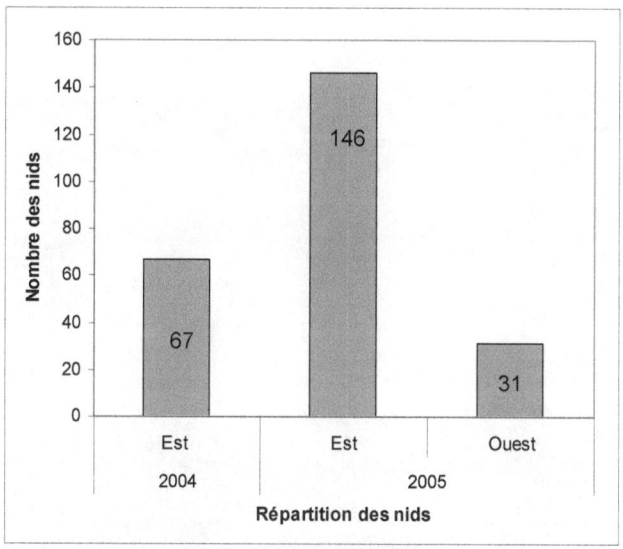

Figure 18 : *Répartition des nids de l'Echasse blanche sur les deux sites*

La densité varie de 34.78 à 357.14 nids/ha pour la zone Est et de 7.75 à 69.44 nids/ha pour la zone Ouest (Fig. 20). Ce qui montre que la zone Est est la plus convoitée.

La densité moyenne des nids pour les deux saisons est très faible elle varie de 12.82 à 61.36 nids/ha.

Les résultats montrent une différence statistiquement significative de la densité entre les deux zones ($F^{1.174} = 24.61$, P = 0.0001). La densité est plus élevée dans la zone Est. Il existe également une différence significative de la densité entre les deux années 2004 et 2005 ($F^{1.173} = 22.59$, P = 0.0001). La densité est plus élevée en 2005.

La densité des nids est corrélée négativement et significativement avec la masse des œufs (r = -0.17, ddl = 177, P ≤ 0.01). La masse des œufs augmente lorsque la densité des nids par colonie diminue.

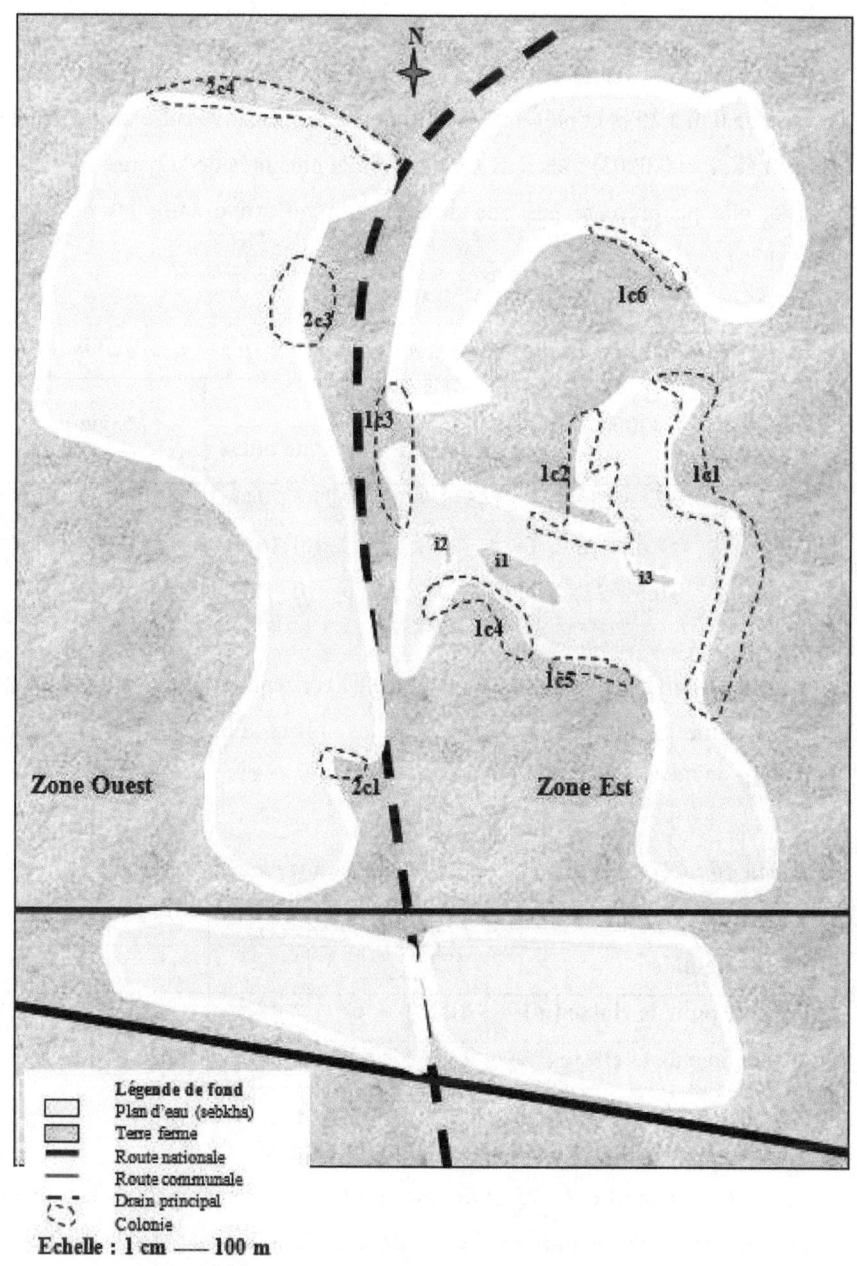

Figure 19 : *Représentation schématique de la répartition des principales colonies dans le Chott Aïn El Beïda (original)*

2.1.2. Distance des nids à la berge

La distance moyenne des nids à la berge est en moyenne de 2.40 m (Tab. 9). Elle varie de 0 m à 25 m et présente une différence significative entre les deux années ($F^{1.75}$= 13.58, P = 0.0003) ; les nids sont construits plus près de la berge en 2005. En revanche, elle ne présente pas une différence significative entre les deux zones ($F^{1.174}$= 0.23).

Tableau 9 : *Distance (m) des nids à la berge (n ; m ±sd, extrêmes)*

Année	2004	2005		Moyenne
		Zone est	**Zone ouest**	
Distance	32 ; 3,13 ±	145; 1,72 ±	31 ; 1.44 ±	209 ; 2.40
(m)	4,37	2,70	1.36	± 3.44
	(0.5 – 23)	(0.1 – 25)	(0 – 7)	(0 – 25)

Les nids sont concentrés sur les rives. Cette concentration diminue en direction de la terre ferme. La distance moyenne entre les nids et la berge est en moyenne de 1.55 m pour 97.74 % nids (Tab. 10).

Tableau 10 : *Classe et fréquences des distances des nids par rapport à la berge*

Classes (m)	0 - 5	5 - 10	10 - 15	15 - 20	20 - 25
Nombre de nids	173	1	2	0	1
Moyenne pour la classe (m)	1.55	6	11.5	0	25
Pourcentage de la classe (%)	97.74	0.56	1.13	0	0.56

2.1.3. Matériaux de construction des nids (Fig. 20 et 21)

En 2004 la majorité (69.75%) des nids sont confectionnés avec de la Salicorne. En revanche, en 2005 les nids confectionnés avec la Salicorne ne représentent que 37% et 38% sont conçus avec une composition mixte (Salicorne, croûte). Ces derniers représentent la totalité des nids de la zone Est. Pour la zone Ouest les nids sont faits de plusieurs matériaux (tamaris, phragmites et plumes).

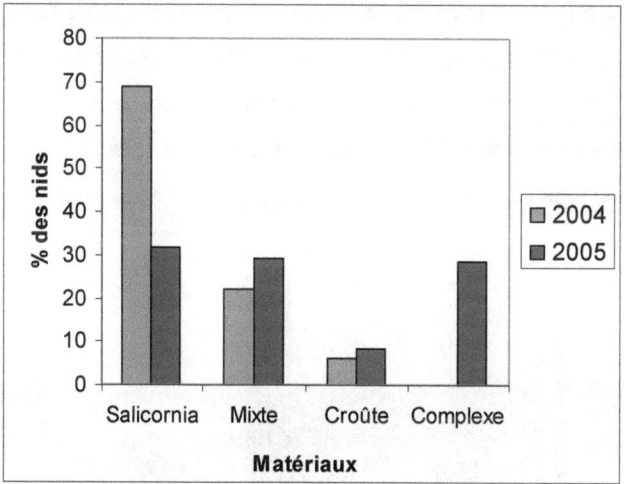

Figure 20 : *Variation des matériaux de construction des nids sur les deux années 2004 – 2005*

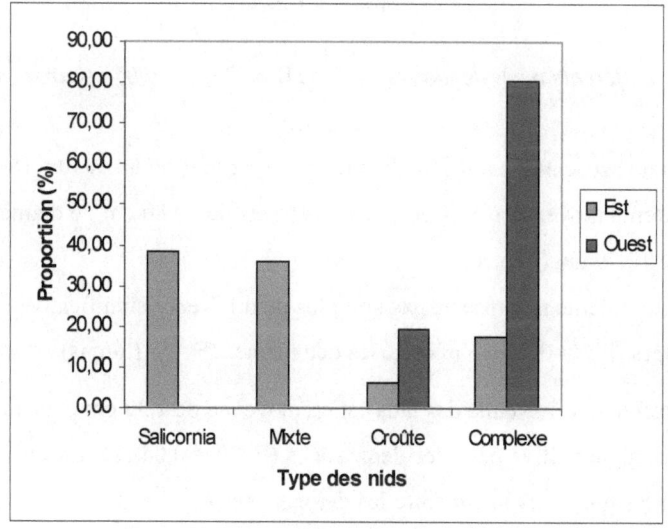

Figure 21 : *Répartition des matériaux sur les deux zones*

2.1.4. Mensuration des nids

En 2004, 30 nids (94%) sont représentés par le type **I**, 2 nids seulement (6%) représentent le type **II**. Par contre, en 2005, 94 nids (53%) sont représentés par le type **I** et 83 nids (47%) représentent le type **II**. Pour la répartition spatiale, les 146 nids de la zone Est se répartissent en 65 nids (44%) représentent le type **I** et 81 nids (66%) représentent le type **II**. Pour la zone Ouest les 31 nids se divisent en 30 nids type **I** et un seul type **II** (Fig. 22).

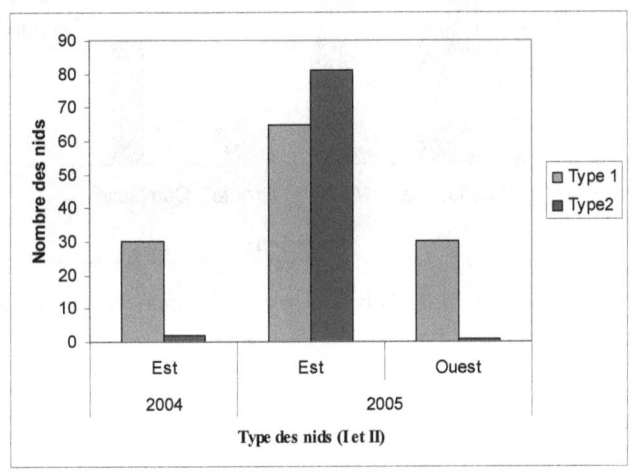

*Figure 22 : Différents types de nids (type **I** et **II**) en 2004 - 2005 et sur les deux zones Est et Ouest*

Le diamètre externe moyen du premier type des nids est de 16.92 cm, le diamètre externe moyen des nids du second type est de 20.80 cm, le diamètre interne moyen et de 10.79 cm (Tab. 11).

Le diamètre interne ne présente pas non plus de différence significative entre les deux années ($F^{1.77}$= 3.24 ns) ni entre les deux zones ($F^{2.77}$= 1.66 ns).

La profondeur moyenne des nids est en moyenne de 2.37 cm et ne présente pas de différence significative entre les deux zones ($F^{1.166}$ = 0.04 ns). En revanche, cette dernière varie significativement entre les deux années ($F^{1.175}$= 7.55, P = 0.0066). Elle est plus importante en 2004.

Tableau 11 : *Dimensions des nids pour les deux années (n ; m ± sd, extrêmes)*

Années		Type I	Type II		
		Diamètre externe (cm)	Diamètre externe (cm)	Diamètre interne (cm)	Profondeur (cm)
2004		30; 18,03 ± 3,18 (13.5-24)	02; 22,25 ± 0.35 (22 - 22.5)	2; 9,25 ± 0,35 (9 - 9.5)	32; 2,81 ± 0,97 (1 - 5)
2005	Zone Est	60 ; 15.87 ± 2.20 (10.5 – 20)	77 ; 20.77 ± 2.27 (16 – 28.5)	77 ; 10.83 ± 1.43 (8.5 – 15)	137 ; 2.29 ± 0.89 (0.5 – 4.5)
	Zone Ouest	30; 17.91 ± 3.29 (12.5 – 24)	1 ; 20.5 ± 0	1 ; 11.00 ± 0	31 ; 2.27 ± 1.01 (0.5 – 4)
Moyenne		120; 16.92 ± 2.93 (17.25 – 19)	80; 20.80 ± 2.23 (16 – 28.5)	80 ; 10.79 ± 1.42 (8.5 – 15)	200; 2.37 ± 0.94 (0.5 – 5)

Le diamètre externe ne présente pas de différence significative entre les deux années ($F^{1.77}$=2.41 ns) ni entre les deux zones ($F^{2.77}$= 1.21 ns). Le diamètre interne ne présente pas non plus de différence significative entre les deux années ($F^{1.77}$= 3.24 ns) ni entre les deux zones ($F^{2.77}$= 1.66 ns).

La profondeur moyenne des nids est en moyenne de 2.37 cm et ne présente pas de différence significative entre les deux zones ($F^{1.166}$ = 0.04 ns). En revanche, cette dernière varie significativement entre les deux années ($F^{1.175}$= 7.55, P = 0.0066). Elle est plus importante en 2004.

Il existe une relation positive et significative entre le diamètre externe des nids et la distance des nids à la berge (r = 0.167, ddl = 175, P ≤ 0.05). Les nids les plus éloignés de la berge possèdent des diamètres externes plus larges (Fig. 23).

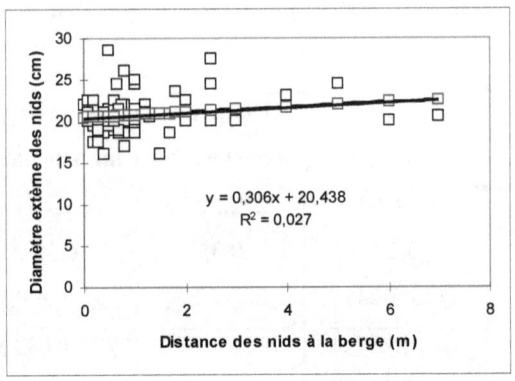

Figure 23 : *Relation entre le diamètre externe des nids et la distance des nids à la berge*

2.2. Paramètres de reproduction

3.2.1. Période de ponte

La période de ponte est de 48 jours pour la saison 2004 et de 72 jours pour la saison 2005. Elle est plus longue de 24 jours en 2005. Durant cette année, le maximum des pontes est observé entre le 9 et le 10 avril (Fig. 24).

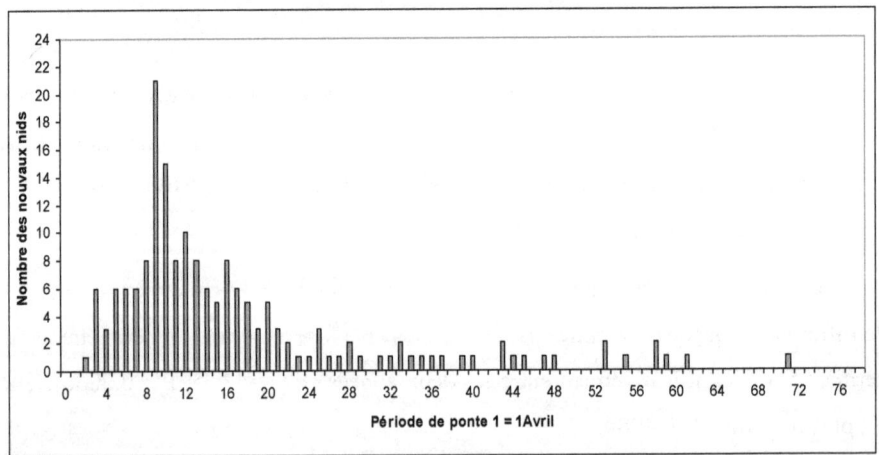

Figure 24 : *Evolution de la ponte de la population de l'Echasse blanche dans la saison 2005*

64

2.2.2. Date de ponte

En 2004 la première ponte a eu lieu le 26 avril et en 2005 le 2 avril (Tab. 12) soit une avance de 24 jours en 2005.

Tableau 12 : *Date moyenne de ponte (n, m ± sd, limites)*

Année		Date de ponte
2004		32 ; 15 mai ± 10,95 (26 avril – 14 juin)
2005	Zone est	146; 20 avril ± 13,77 (2 avril – 02 juin)
	Zone ouest	31 ; 19 avril ± 15.36 (7 avril – 13 juin)
Moyenne		209 ; 24 avril ± 16.47 (2 avril – 14 juin)

Il n'y a pas de différence significative de la date de ponte entre les deux zones ($F^{1.177}= 0.15$ ns). En revanche, il existe une différence significative entre les deux années d'étude ($F^{1.176}= 75.84$ P = 0.001). Les pontes sont plus précoces en 2005.

La date de ponte est corrélée positivement et significativement avec la densité des nids (r = 0.151, ddl = 175, P ≤ 0.05). Les colonies les plus tardives sont les plus denses (Fig. 25).

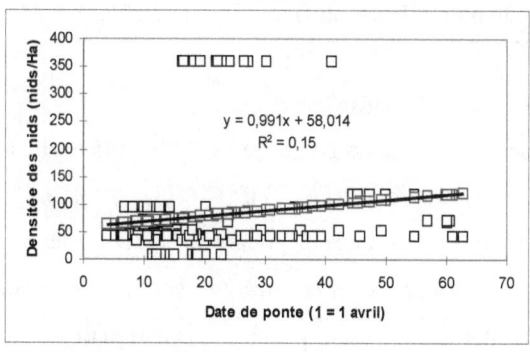

Figure 25 : *Relation entre la date de ponte et la densité des nids*

La date de ponte est corrélées positivement et significativement avec les mensurations des nids (diamètre externe : r = 0.215, ddl = 175, P ≤ 0.01, diamètre interne : r = 0.166 ddl = 175, P ≤ 0.05). Les nids construits tardivement dans la saison sont de plus grande taille (Fig. 26).

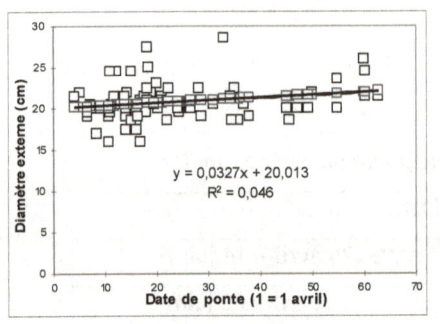 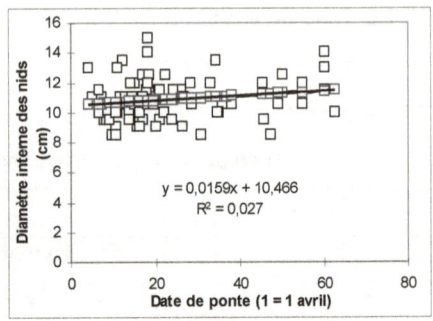

Figure 26 : *Relation entre la date de ponte et les diamètres des nids*

2.2.3. Fréquence de ponte

Les pontes dans chaque nid représentent un décalage de quelques heures à une journée. La fréquence moyenne de ponte de l'Echasse blanche est de 4 œufs chaque 5 jours c'est-à-dire en moyenne, 1.27 jours pour chaque œuf soit environ 30.5 h entre la ponte de deux œufs successif (Tab. 13).

Tableau 13 : *Fréquence moyenne de ponte (n ; m ± sd, extrêmes)*

Fréquence de ponte (jours/œuf)	692 ; **1.27** ± 0.11 (1 − 1.75)
Fréquence de ponte (heurs/œuf)	692 ; **30.48** ± 2.64 (24 − 42)

3.2.4. Grandeur de ponte

La grandeur moyenne de ponte est de 3.92 œufs (Tab. 14). Plus de 90% des nids ont une grandeur de 4 œufs (Fig. 27).

Tableau 14 : *Grandeur moyenne de ponte pour les deux années 2004 et 2005 et les deux sites Est et Ouest (n ; m ± sd, extrêmes).*

Année		Grandeur de ponte
2004		32 ; 4 ± 0
2005	Zone Est	146 ; 3.92 ± 0.28 (2 − 4)
	Zone Ouest	31 ; 3.87 ± 0.42 (2 − 4)
Moyenne		209 ; 3.93 ± 0.37 (2 − 4)

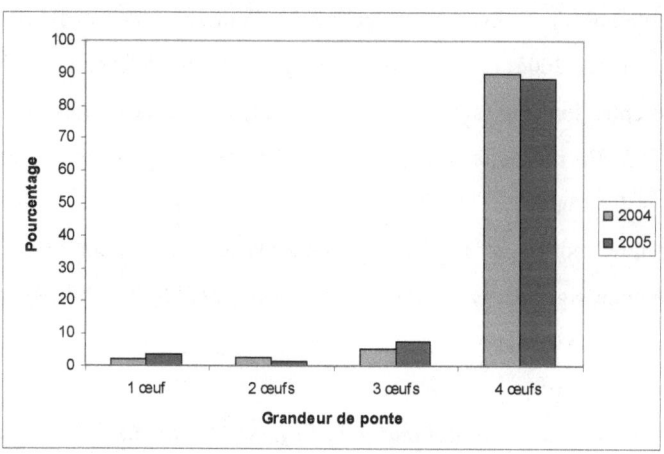

Figure 27 : *Pourcentage de la grandeur de ponte de l'Echasse blanche pour les deux saisons*

Il n'existe pas une différence significative de la grandeur de ponte entre les deux années 2004 et 2005 ($F^{1.171}$=2.41 ns) et entre les deux zones Est et Ouest ($F^{1.170}$=0.27 ns).

Il existe une corrélation positive et hautement significative entre la grandeur de ponte et le succès de la reproduction (r = 0.255, ddl =175, P ≤ 0.01). Le succès de la reproduction augmente avec la grandeur de ponte.

2.2.5. Dimensions des œufs (Tab. 15)

Les mensurations ont concerné 817 œufs dont 128 en 2004 et 689 en 2005. La largeur moyenne des œufs est de 3.13 cm. Il n'existe pas de différence significative entre les deux zones Est et Ouest ($F^{1.170}$= 0.54 ns), ni entre les deux années 2004 et 2005 ($F^{1.171}$ = 5.41 ns).

La longueur moyenne est de 4.35 cm pour l'année 2004 et de 4.39 cm pour l'année 2005. Il n y a pas de différence significative entre les deux années ($F^{1.170}$= 0.01 ns), ni entre les deux sites ($F^{1.171}$ = 1.85 ns).

La moyenne de la masse des œufs pour l'année 2004 est de 17.55 g et de 21.47g pour l'année 2005. La masse des oeufs présente une différence statistiquement significative entre les deux années ($F^{1.163}$ = 75.24, P < 0.0001). Les œufs sont plus lourds en 2005. En revanche, il n'y a pas de différence significative entre les deux zones ($F^{1.170}$ = 0.83 ns).

Le volume moyen est de 22.03 cm^3 en 2004 et de 21.98 cm^3 en 2005. Il n y a pas de différence significative entre les deux années ($F^{1.171}$ = 3.87 ns), ni entre les deux zones ($F^{1.170}$ = 0.16 ns).

Tableau 15 : *Mensurations des œufs de l'Echasse blanche (n ; m ± sd, extrêmes)*

Année Paramètre	2004	2005		Moyenne
		Zone Est	**Zone Ouest**	
Largeur (cm)	128 ; 3.13 ± 0.27 (2.80 – 3.90)	570 ; 3.13 ± 0.13 (2.24 – 3.90)	119 ; 3.15 ± 0.12 (2.87 – 3.50)	817 ; 3.13 ± 0.16 (2.24 – 3.90)
Longueur (cm)	128 ; 4.35 ± 0.19 (3.90 – 4.70)	570 ; 4.41 ± 0.18 (3.37 – 4.95)	119 ; 4.42 ± 0.23 (3.95 – 5.61)	817 ; 4.40 ± 0.19 (3.37 – 5.61)
Masse (g)	96 ; 17.55 ± 1.08 (15.00 – 20.00)	570 ; 21.87 ± 2.20 (15.00 – 28.00)	119 ; 21.85 ± 2.94 (15.00 – 29.00)	785 ; 21.01 ± 2.61 (15.00 – 29.00)
Volume (cm^3)	128 ; 21.98 ± 4.76 (15.99 – 36.45)	570 ; 22.0.2 ± 2.18 (10.79 – 33.74)	119 ; 22.33 ± 2.60 (17.47 – 29.29)	817 ; 22.09 ± 2.81 (10.79 – 36.45)

Le mode des classes de la masse des œufs est de 22 – 24 g (Fig. 30). Le mode des classes du volume des œufs est de 20 – 22 cm^3 (Fig. 31).

Il existe une relation négative et significative entre les caractéristiques des œufs et la grandeur de ponte (masse : r = -0.218, ddl =175, P ≤ 0.01, longueur :

r = -0.194, ddl=175, P ≤ 0.01, volume : r = -0.173, ddl =175, P ≤ 0.01). Les grandeurs de ponte importantes présentent des œufs de petite taille (Fig. 28).

Il existe une relation positive et significative entre les caractéristiques des œufs (masse et longueur : r = 0.483, ddl = 175, P ≤ 0.001; masse et largeur : r = 0.719, ddl = 175, P ≤ 0.001 ; masse et volume : r = 0.759, ddl = 175, P ≤ 0.001 ; longueur et largeur : r = 0.317 ddl = 175, P ≤ 0.001).

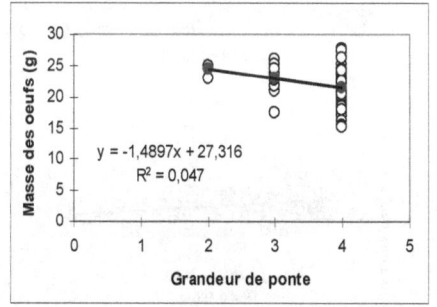 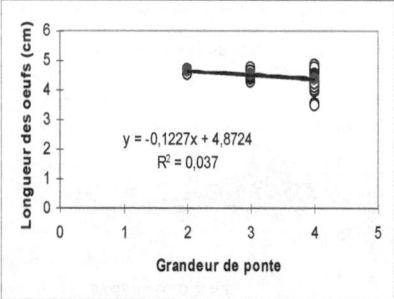

Figure 28 : Relation entre la grandeur de ponte et les caractéristiques des œufs (masse et longueur)

En revanche, il existe une relation négative et significative entre les caractéristiques des œufs et la date de ponte (masse: r = -0.444, ddl = 175, P ≤ 0.001, longueur : r = -0.211, ddl =175, P≤ 0.001, largeur : r = -0.309, ddl = 175, P ≤ 0.001, volume : r = -0.316, ddl = 175, P ≤ 0.001). Les premières couvées possèdent des œufs de plus grande taille (Fig. 29).

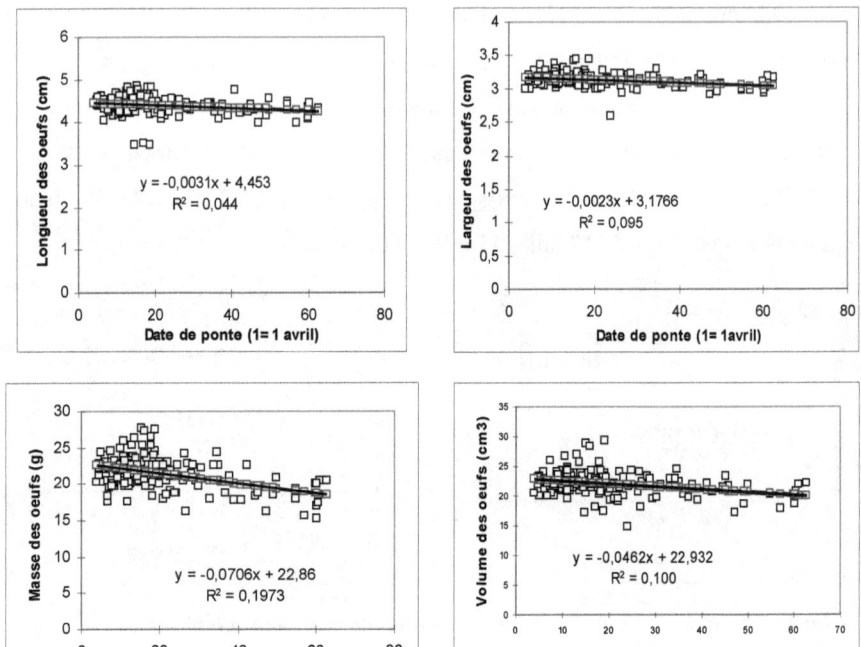

Figure 29 : *Relation entre les caractéristiques des œufs (longueur, largeur, masse et volume) et la date de ponte*

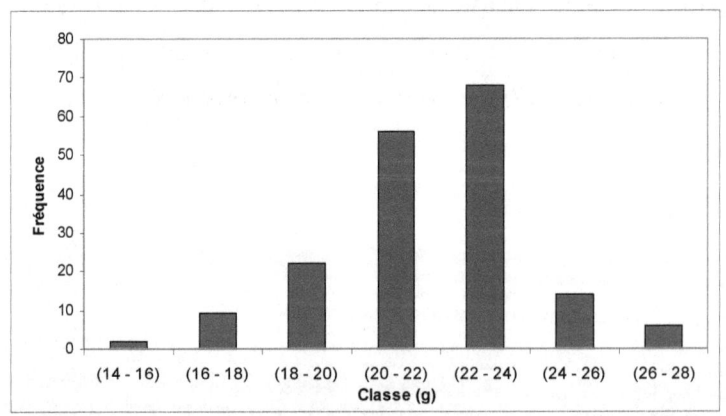

Figure 30 : *Classe des masses des œufs de l'Echasse blanche*

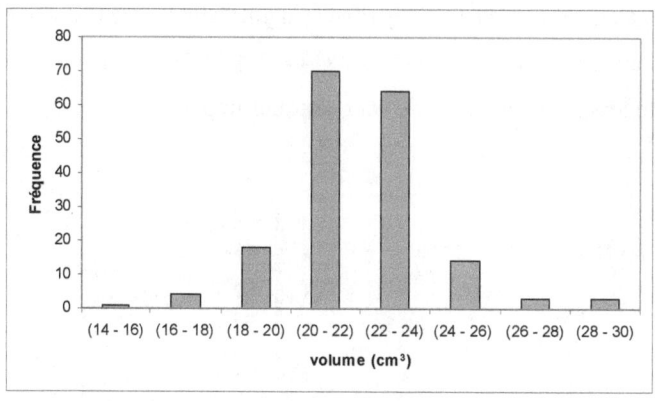

Figure 31 : *Classe des volumes des œufs de l'Echasse blanche*

2.2.6. Durée d'incubation

La durée d'incubation (dernier œuf pondu – premier œuf éclos) est en moyenne de 21.34 jours (Tab. 16). Il n'y a pas de différence significative dans la durée d'incubation entre les deux zones Est et Ouest ($F^{1.137}$ = 0.37 ns). Par contre, il existe une différence significative entre les deux années ($F^{1.133}$ =78.92, P ≤ 0.00001).

Tableau 16: *Durée d'incubation dans les deux zones du Chott (n ; m ±sd, extrêmes)*

Zone	Durée d'incubation
Est	112 ; 21.36 ± 0.95 (18 – 25)
Ouest	27 ; 21.22 ± 0.75 (20 – 23)
Moyenne	139 ; 21.34 ± 0.92 (18 – 25)

La durée d'incubation est corrélée positivement et significativement avec le diamètre externe des nids (r = 0. 235, ddl = 175, P ≤ 0.01), les parents assurent une incubation plus longue pour les nids plus larges. Il existe aussi une corrélation positive et significative entre la durée d'incubation et la date de ponte (r = 0. 217, ddl = 175, P ≤ 0.01); la durée d'incubation augmente, au cours de la saison de la reproduction (Fig. 31).

Il existe également une relation négative et significative entre la durée d'incubation et la grandeur de ponte (r = -0.345, ddl =144, P ≤ 0.001). La durée d'incubation est plus courte lorsque la grandeur de ponte est plus importante (Fig. 32).

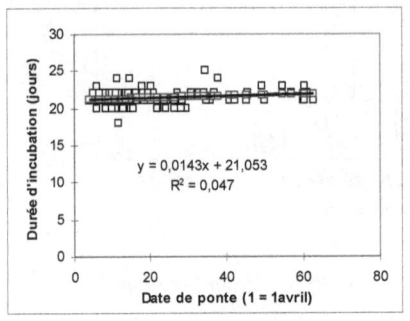 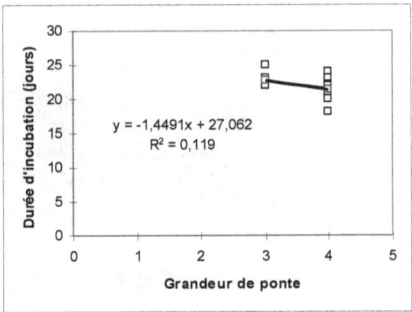

Figure 32 : Relation entre la durée d'incubation et : la date de ponte et la grandeur de ponte

2.2.7. Date d'éclosion

La date moyenne d'éclosion pour la première saison a eu lieu le 6 juin, par contre en 2005 la date moyenne d'éclosion est le 14 mai en zone Est et le 12 mai en zone Ouest (Tab. 17).

Tableau 17 : Date de ponte moyenne (n, m ± sd, limites)

Année		Date d'éclosion
2004		23 ; 6 juin ± 8.96 (22 mai - 22juin)
2005	Zone est	118; 14 mai ± 13,84 (27 avril – 26 juin)
	Zone ouest	27 ; 12 mai ± 13.04 (1 mai – 13 juin)
Moyenne		140 ; 14 mai ± 13.80 (27 avril – 26 juin)

La date d'éclosion est corrélée positivement et significativement avec les mensurations des nids (diamètre externe : r = 0.194, ddl = 175, P ≤ 0.01, diamètre interne : r = 0.177, ddl = 175, P ≤ 0.05, profondeur : r = 0.154, ddl = 175, P ≤ 0.05). Les éclosions sont tardives dans les nids de grande taille.

Il existe également une corrélation positive et significative entre la date d'éclosion et la durée d'incubation (r = 0. 261, ddl = 175, P ≤ 0.01). La durée d'incubation est plus longue pour les nids tardifs.

2.2.8. Fréquence d'éclosion (Tab. 18)

La fréquence d'éclosion qui correspond au nombre des œufs éclos par jour est en moyenne de 2 œufs.

Tableau 18 : *Moyenne de l'intervalle de l'éclosion (n ; m ± sd, extrêmes)*

	Zone est	Zone ouest	Moyenne
Intervalle d'éclosion (jours)	114 ; 0.51 ± 0.20 (0.25 – 1)	27 ; 0.58 ± 0.22 (0.25 – 1)	146 ; 0.54 ± 0.19 (0.25 – 1)
Intervalle d'éclosion (heurs)	114 ; 12.24 ± 4.8 (6 – 24)	27 ; 13.92 ± 5.28 (6 – 24)	146 ; 12.96 ± 4.57 (6 – 24)

52.2 % des nids ont des éclosions de 2 œufs par jour, 25.2 % des nids ont des éclosions de 1 œuf par jour, 15.75 % des nids ont des éclosions de 4 œufs par jour et seulement 6.85 % œufs ont des éclosions de 3 par jour (Fig. 33).

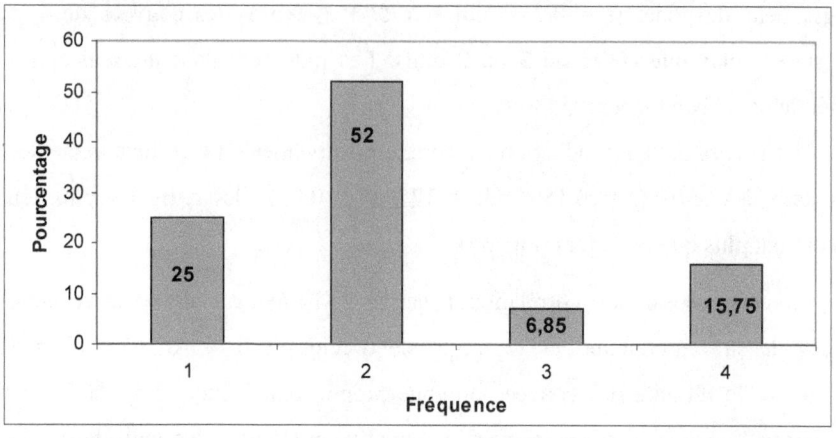

Figure 33 : *Fréquence d'éclosion des couvées de l'Echasse blanche*

73

2.2.9. Succès de la reproduction

Le succès moyen de la reproduction est de 78%. Il varié de 85% en 2004 à 73% en 2005 (Tab. 19). Il ne présente pas de différence significative entre les deux années ($F^{1.170} = 0.00$ ns) et les deux zones ($F^{2.206} = 0.66$ ns).

Tableau 19 : *Succès de la reproduction des deux années 2004 et 2005 et les deux zones Est et Ouest (n ; m ± sd, extrêmes)*

Année		Succès de la reproduction (SR)
2004		32 ; 85 ± 26 (0 – 100)
2005	Zone est	146 ; 73 ± 38 (0 – 100)
	Zone ouest	31 ; 75 ± 35 (0 – 100)
Moyenne		209 ; 78 ± 33 (0 -100)

Il existe une relation négative et hautement significative d'une part entre la distance des nids à la berge et le nombre des œufs éclos (r = - 0.213, ddl = 167, P ≤ 0.01) et d'autre part, entre la distance des nids à la berge et le succès de la reproduction (r = - 0.211, ddl = 167, P ≤ 0.01). Le nombre des œufs éclos est plus important dans les nids construits près de la berge (Fig. 34).

Il existe une relation positive et significative entre le succès de reproduction et la grandeur de ponte (r = 0.234, ddl = 175, P ≤ 0.01) ; les couvées de 4 œufs réussissent plus que celles de 3 ou 2 œufs. Les nids contenant un seul œuf sont généralement abandonnés.

Le succès de la reproduction est corrélé positivement et significativement avec la masse des œufs (r = 0.150, ddl = 175, P ≤ 0.05) ; les œufs les plus lourds réussissent plus que les légers (Fig. 34).

Il existe aussi une corrélation négative et hautement significative entre le succès de la reproduction et la fréquence d'éclosion (r = -0.363, ddl = 175, P ≤ 0.01); la réussite des couvées diminue proportionnellement avec la fréquence d'éclosion. Il existe aussi une corrélation négative et significative entre le succès de la reproduction et la durée d'incubation (- r = 0.160, ddl = 175, P ≤ 0.05). Le succès de la reproduction diminue pour des incubations trop longues (Fig. 34).

Le succès de reproduction est corrélé négativement et significativement avec la date de ponte (r = -0.555, ddl = 30, P ≤ 0.001), les nids les plus tardifs présentent un succès de reproduction plus faible que les nids précoces en 2004 (Fig. 34).

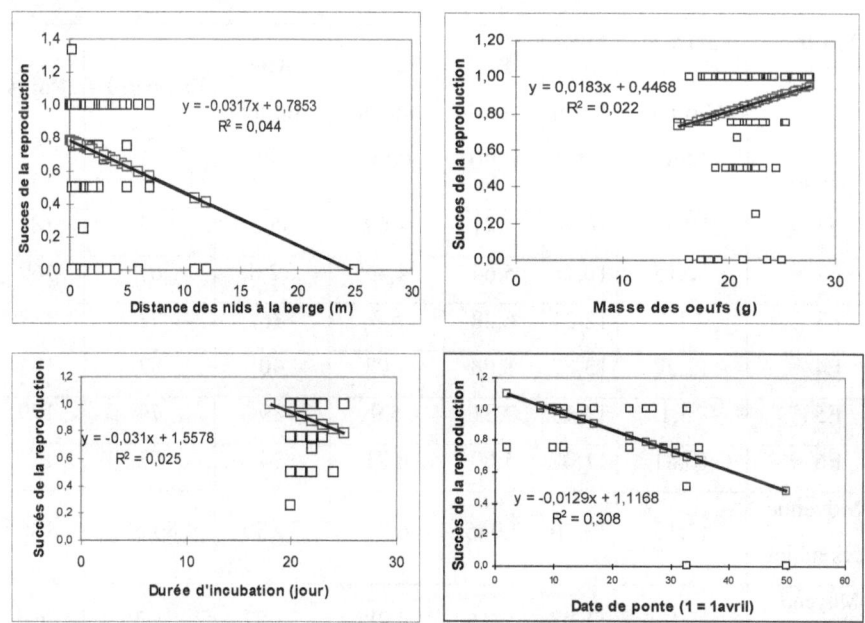

Figure 34 : *Relation entre le succès de la reproduction avec : la distance des nids à la berge, la grandeur de ponte, la masse des œufs, la fréquence d'éclosion et la durée d'incubation*

2.3. Paramètres morphométriques

2.3.1. Adultes

Chez le mâle ; la masse moyenne est de 185 g. La longueur du tarso-métatarse est variable d'une patte à l'autre chez le même individu. Elle est en moyenne de 13.34 cm. La longueur totale du bec est de 7.95 cm, et du bec-narine est de 6.96 cm. La longueur totale de l'aile est de 39.50 cm et 80.50 cm pour l'envergure. Chez la femelle, la masse moyenne est de 176.50 g. La longueur du tarso-métatarse est en moyenne de 11.04 cm. La longueur totale du bec est de 5.83 cm, et du bec-narine est de 4.78 cm. La longueur totale de l'aile est de 34.57 cm et 71.25 cm pour l'envergure (Tab. 20). Ce qui montre bien un avantage morphologique des mâles sur les femelles.

Tableau 20: Différentes mensurations des individus adultes capturés

| Traits | Tarso-métatarse | | Bec | Bec- | Aile | Envergure | Poids |
| | Gauche | Droit | total | narine | totale | (cm) | (g) |
Individus	(cm)	(cm)	(cm)	(cm)	(cm)		
E1 ♀	10,67	10,75	5,71	4,69	35,5	73	183
E2 ♀	10,15	10,28	5,64	4,43	32,8	67	169
E3 ♀	12,4	12,21	6,28	5,3	36	73	187
E4 ♂	13,27	13,87	8,08	7,02	40	82	191
E5 ♂	13,1	13,13	7,81	6,9	39	79	179
E6 ♀	10,81	11,07	5,69	4,71	34	72	167
Moyenne des mâles	13,18	13,50	7,945	6,96	39,50	80,50	185
Moyenne des femelles	11,01	11,08	5,83	4,78	34,57	71,25	176,50
Moyenne de l'espèce	11,73	11,89	6,54	5,51	36,22	74,33	179,33

2.3.2. Poussins

2.3.2.1. Masse corporelle

La masse moyenne à l'éclosion est de 14.72 g. A l'envol (30 à 33 jours) elle atteint 125 g en moyenne (Fig. 36). La masse diminue de 0,35 g/j entre le 1er et le 4ème jour. Cette phase est suivie d'une croissance lente entre le 4ème et le 10ème jour où le gain du poids est de 0.65 g/jour. Cette croissance devient plus rapide jusqu'au

29ème jour où le gain de masse est alors de 4.85 g/jour (Tab. 21). Enfin une phase de ralentissement jusqu'à l'envol (Fig. 35).

Tableau 21 : Masse moyenne et gain du poids des différentes classes de l'Echasse blanche (n ; m ± sd, extrêmes)

Classes (jours)	Masse (g)	[1]Tcr (g/jour)
0 – 4	93 ; 14.39 ± 1.81 (10 – 20)	-0,35
4 – 10	13 ; 21.38 ± 2.57 (17 - 26)	0.65
10 – 29	34 ; 56.36 ± 28.83 (17 - 102)	4,85
29 – 33	18 ; 117.17 ± 13.98 (75 – 125)	2,6

[1] Tcr : Taux de croissance journalier= $P_n - P_{N-1}$; P : poids.

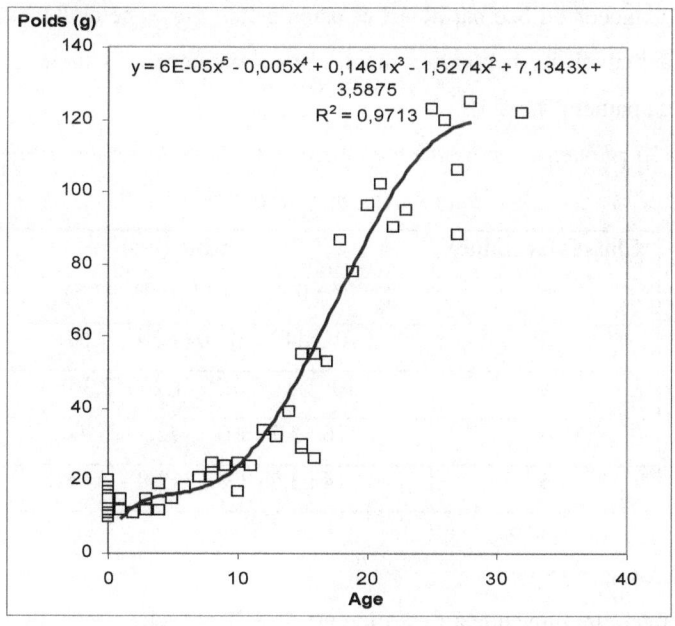

Figure 35 : Courbe de croissance des poussins de l'Echasse blanche (n = 136)

2.3.2.2 Longueur totale du bec

La longueur totale du bec à l'éclosion est en moyenne de 1.29 cm et atteint 4.34 cm à l'envol (Tab. 22).

Tableau 22 : Taille moyenne par classes (semaine) du bec total de l'Echasse blanche (n ; m ±sd, extrême)

Classes (semaines)	Bec total (cm) : n ; m ± sd (min – max)
1	88 ; 1.29 ± 0.36 (1.12 – 1.79)
2	10 ; 1.99 ± 0.11 (1.8 – 2.15)
3	11 ; 2.50 ± 0.35 (2.13 – 3.30)
4	14 ; 3.66 ± 0.30 (3.2 – 4.1)
5	13 ; 4.34 ± 0.52 (3.5 – 5.2)

2.3.2.3. Longueur du bec-narine

La longueur du bec narine à l'éclosion est en moyenne de 0.97 cm et atteint 3.53 cm à l'envol. Le bec-narine montre une croissance plus importante les deux dernières semaines (Tab. 23).

Tableau 23 : Longueur moyenne par classes (semaine) du bec-narine de l'Echasse blanche (n ; m ±sd, extrêmes)

Classes (semaine)	Bec-narine (cm)
1	86 ; 0.97 ± 0.12 (0.81 – 1.5)
2	10 ; 1.45 ± 0.10 (1.34 – 1.69)
3	10; 1.81 ± 0.29 (1.23 – 2.30)
4	16 ; 2.75 ± 0.33 (2.1 – 3.4)
5	14 ; 3.53 ± 0.37 (2.9 – 4.1)

2.3.2.4. Envergure

L'envergure moyenne à l'éclosion est de 8.52 cm, elle atteint 48 cm à l'envol. La phase de croissance la plus importante est observée entre la 4ème et la 5ème semaine (Tab. 24).

Tableau 24: Envergure moyenne par classes de l'Echasse blanche (n ; m ±sd,
extrêmes)

Classes (jours)	Envergure (g)
1	91 ; 8.52 ± 0.47 (7 – 9.5)
2	10 ; 10.47 ± 1.07 (8.9 – 12.5)
3	11 ; 13.68 ± 1.97 (12.0 – 17.8)
4	8 ; 28.6 ± 6.04 (20.0 – 35.0)
5	17 ; 42.97 ± 5.28 (34 – 53)

2.3.2.5. Longueur du tarso-métatarse

La longueur moyenne du tarso-métatarse varie de 2.69 cm à l'éclosion à 7.41
cm au moment de l'envol (Tab. 25).

Tableau 25: Longueur moyenne du tarso-métatarse par classes de l'Echasse blanche
(n ; m ±sd, extrêmes)

Classes (semaine)	Tarso-métatarse (cm)
1	90 ; 2.69 ± 0.22 (2.17 – 3.33)
2	9 ; 3.64 ± 0.23 (3.27 – 4.01)
3	11 ; 4.19 ± 0.51 (3.47 ± 5.1)
4	11 ; 5.93 ± 0.672 (5.01 – 6.7)
5	15 ; 7.41 ± 0.74 (5.95 – 8.3)

L'étude de la phénologie de la reproduction de l'Echasse blanche, a montré que :

- L'Echasse blanche commence à pondre à partir du 2 avril avec une période de
ponte de 72 jours pour la saison 2005, et le 27 avril pour la saison 2004, soit 24
jours plus longue en 2005 ;
- La densité des nids varie de 18.18 à 357.14 nids par hectares ;
- La distance des nids à la berge varie de 0 à 25 mètres, malgré que 97.74 % des
nids sont distants uniquement de 1.55 mètre ;

- Les nids, sont représentés par : une simple dépression avec uniquement un diamètre externe de 17.32, des monticules ou sur une touffe avec 21.24 cm de diamètre externe et 10 cm de diamètre interne. La profondeur est de 2.55 cm ;
- La grandeur de ponte varie de 1 à 4 œufs par ponte, elle est de moyenne de 3.93 et plus de 92% des pontes présentent des couvées de 4 œufs. Les œufs mesurent en moyenne 4.38 cm de longueur, 3.13 cm de largeur 22.03 de volume et pesant 21.00 g en moyenne ;
- L'Echasse blanche pond 4 œufs durant 5 jours pour la majorité des couvées. Aussi, les 4 œufs ont éclos 2 par jour pour la majorité ;
- La durée d'incubation est en moyenne de 21.34 jours ;
- Le succès moyen de la reproduction est de 78 %, c'est le taux le plus élevé pour les populations méditerranéennes.

La caractérisation morphométriques de l'Echasse blanche, à montré que, pour les adultes :
- La masse moyenne est de 179.33 g ;
- Le Tarso-métatarsien est de 11.81 cm ;
- La longueur totale du bec est de 6.54 cm ;
- La longueur du bec-narine est de 5.51 cm et l'envergure qui est de 74.33 cm ;

Pour les poussins :
- La masse corporelle est de, 14.72 g à l'éclosion, atteint 121.50 g à l'envole (30 - 33 jours) ;
- Le tarso-métatarsien est de 2.67 cm à l'éclosion et de 8.20 à l'envole, Le bec est de 1.28 cm à l'éclosion et de 4.59 cm à l'envole, le bec-narine de 0.96 cm à 3.69 cm et l'envergure de 8.45 cm à 48 cm à l'envole.

CHAPITRE4 : ÉTUDE DU RÉGIME ALIMENTAIRE DE L'ÉCHASSE BLANCHE

Les recherches écologiques contemporaines mettent l'accent sur l'utilisation des aliments présents dans le milieu de vie de l'animal pris en considération (Ferhani et al, 2003). Les disponibilités alimentaires du milieu pour un oiseau sont les abondances des proies potentielles dans un microhabitat utilisé par cet oiseau en quête de nourriture (Wolda, 1990).

Le régime alimentaire des oiseaux d'eau a été souvent le reflet de la diversité et du potentiel alimentaire qu'offrent leurs habitats (Fuchs, 1975). De même, Mullié et al. (1999), expliquent que la fréquentation de l'Echasse blanche du même endroit indique sa richesse en invertébrés aquatiques. L'habitude alimentaire de l'Echasse blanche respecte donc cette réalité que nous espérons confirmer à travers cette étude.

Le régime alimentaire de l'Echasse blanche a fait l'objet de plusieurs études citant les travaux de Vermot (1980), Goriop (1982), Serrano et al. (1983) et Amat et Aguiliera (1990). Ces derniers, peuvent nous servir comme un exemple typique sur les salines de Guadiana, et la Bahia de Cadiz (Espagne) et qui présentent des conditions similaires à notre Chott (Blondel et Aronson, 1999 ; Sánchez-Rodríguez, 2001).

L'Echasse blanche est une espèce sédentaire nicheuse dans le Chott Aïn El Beïda. Les modifications du milieu sont des éléments défavorables pour l'équilibre des espèces (Gauthier et al., 2004). Cependant, l'Echasse blanche semble indifférente à ces perturbations et continue de nicher sur le site avec des abondances intéressantes. De ce fait, nous pensons que cela est probablement dû à la richesse du milieu en ressources alimentaires et à leur accessibilité facile pour cet Echassier. Ainsi, l'étude du régime alimentaire de cette espèce, vient de décrire les variations des potentiels alimentaires du site et l'affinité de notre espèce pour chaque aliment.

Pour déterminer le régime alimentaire des oiseaux, plusieurs méthodes sont applicables. La première est celle de l'analyse des fientes, cette méthode exige beaucoup en matière de précision, les aliments ingérés sont trop dégradé et broyés devenant difficile à identifier, de ce fait elle se limite à des stades systématiques très précoces. La deuxième consiste à l'observation directe des substances ingérées. Cette méthode qualitative paraît facile avec les habitudes alimentaires de notre espèce (fréquente habituellement les mêmes zones de pâturage) d'autant plus, qu'elle devient moins farouche hors la saison de reproduction.

La troisième méthode consiste à l'examen de tube digestif, c'est une méthode quantitative et qualitative très précise dont le seul défaut est le sacrifice.

Pour notre cas l'étude du régime alimentaire de l'Echasse blanche se repose sur l'examen du tube digestif et sur l'observation directe.

1. Méthodologie
1.1. Caractérisation de la biomasse consommante
1.1.1. Identification des Arthropodes

Nous avons réalisé un inventaire des invertébrés présents dans la zone d'étude susceptibles de faire partie du régime alimentaire de l'espèce étudiée. Pour les invertébrés, nous avons effectué la collecte des espèces à l'aide d'un récipient pour les individus aquatiques, des pots Barber pour les individus terrestres, un filet fauchoir, des pièges adhésifs (tiges de jonc + col raticide), des nids d'araignées pour des individus volants et le plus souvent par le ramassage manuel. Chaque méthode de capture est relative à un habitat (aérien, terrestre ou aquatique) ou à une strate (Giraudoux, 1990 ; Clere et Bertagnolle, 2001). L'échantillonnage est réalisé de manière aléatoire en particulier sur les rives où la végétation est plus dense. La conservation se fait dans des tubes à essais pour les adultes (insectes) et dans le méthanol à 70% pour les larves. Nous avons alors examiné les différentes pièces caractéristiques (têtes, ailes, fémurs...) à l'aide d'une loupe binoculaire (grossissement jusqu'à 50 fois). Nous avons utilisé les clés d'identification disponibles dans des ouvrages et des guides (Séguy, 1934 ; Chopard, 1943 ; 1951 ;

Aguesse, 1968 ; Bernard, 1968 ; Villiers, 1977 ; Le Berre, 1989 ; Dierl et Ring, 1992 ; Haupt, 2000 ; Tachet et *al.*, 2000, Wolfgang et *al.*, 2000 ; Robert, 2001).

1.2. Etude du régime alimentaire

1.2.1. Examen du tube digestif

Par ailleurs, nous avons prélevé le contenu du tube digestif de l'Echasse blanche constitué d'une cavité buccale, de l'œsophage, de l'estomac (ventricule succenturié et le gésier), de l'intestin et du cloaque de 11 individus (05 poussins et 06 adultes) à différentes périodes de l'année. Les tubes sont conservés dans de l'Ethanol à 70%.

Le contenu du gésier est vidé dans une boite de pétri contenant de l'eau de robinet où les différentes pièces sont séparées (une tête égale à un individu, deux ailes représentent un individu) l'identification préalable réalisée sur les Arthropodes prélevés dans le milieu, nous a aidé à identifier les contenus stomacaux. Le dénombrement nous a permis de calculer la richesse totale et l'abondance relative de chaque espèce. Ces indices ont pour objet la comparaison entre les disponibilités alimentaires dans le milieu et le régime alimentaire de l'Echasse blanche (adultes et jeunes).

2. Résultats

2.1. Caractérisation de la biomasse consommante

Les différentes espèces recensées dans le milieu sont présentées dans le tableau 26. Nous avons identifié 4 classes d'invertébrés. Les Annélides avec un ordre, une famille et une espèce. Les Gastropodes avec 2 ordres 2 familles et 2 espèces. Les Crustacés avec un seul ordre mais deux familles et deux espèces. Enfin, les Insectes représentés par 11 ordres, 38 familles et 60 espèces.

Tableau 26 : *Différentes espèces d'invertébrés recensées dans le site d'étude en 2004-2005*

Classe	Ordre	Famille	Espèce
Annelida	Oligocheta	Oligocheta ind.	Oligocheta ind.
Gastropoda	Pulmona	Limacidae	*Agriolimax agrestis* Linné, 1758
	Prosobrancha	Hydrobiidae	*Potamopyrgus* sp.
Crustaca	Branchiopoda	Anostracae	*Artemia salina*
		Conchostracae	Conchostracae ind.
Insecta	Ephemeroptera	Baetidae	*Cloeon dipterum* (Linné, 1761)
	Odonatoptera	Caenagrionidae	*Erythromma viridulum* Charpentier, 1840
			Ischnura graellsii Rambur, 1848
			Coenagrion puella Linné, 1758
		Libellulidae	*Anax imperator* Leach, 1815
			Crocothemis erythraea (Brulle, 1832)
			Orthetrum sp.
			Sympetrum danae (Sulzer,1776)
			Sympetrum sanguineum (Müller, 1764)
			Urothemis edwardsi (Selys. 1849)
	Dictyoptera	Mantidae	*Mantis religiosa* Linné, 1758
		Empusidae	*Empusa pennata* (Thimberg, 1815)
	Orthoptera	Gryllidae	*Gryllulus domestica* (Linné, 1758)
		Gryllotalpidae	*Gryllotalpa gryllotalpa* (Linné, 1758)
			Gryllotalpa africana Beauvois, 1805
		Tettigoniidae	*Phaneroptera nana* Fieber, 1853
		Acrididae	*Aiolopus strepens* (Latreille, 1804)
			Schistocerca gregaria (Forskal 1755)
			Pyrgomorpha cognata Krauss, 1877
	Dermaptera	Labiduridae	*Labidura riparia* (Pallas, 1773)
	Heteroptera	Lygaeidae	*Lygaeus militaris* Fabricius, 1781
		Pentatomidae	*Pentatoma* sp.
			Pitedia sp.
			Nezara viridula (Linné 1758)
		Corixidae	*Corixa affinis* Leach, 1817
			Corixa punctata Illiger, 1807)
			Sigara sp.
		Hydrometridae	*Hydrometra* sp.
		Coreidae	*Centrocarenus spiniger* Linné 1958

		Pyrrhocoridae	*Pyrrhocoris apterus* Linné 1958
Coleoptera		Coccinoidae	*Coccinella septempunctata* Linné 1958
		Bostrichidae	*Apate monachus* Fabricius, 1775
		Dyticidae	Dyticidae ind.
		Carabidae	*Carabus* sp.
			Cicindela hybrida Linné, 1758
			Chlaenius festivus (Panzer, 1796)
		Cetonidae	*Cetonia* sp.
		Curculionidae	*Anthonomus* sp.
		Scarabeidae	*Ateuchus sacer* Linné
		Chrysomelidae	*Cryptocephalus* sp.
		Hydrophilidae	*Berosus* sp.
			Hydrophilidae ind.
Hymenoptera		Mutillidae	*Dasylabris* sp.
		Formicidae	*Tapinoma nigerrimum* Krauss, 1909
			Camponotus ligniperda (Latreille, 1802)
			Tetramorium sp.
			Cataglyphis sp.
			Pheidole pallidula Müller, 1848
			Lasius niger (Linné, 1758)
Lepidoptera		Geometridae	*Rhodometra* sp.
		Pyralidae	*Ectomyelois ceratoniae* (Zeller, 1839)
Planipennia		Hemerobidae	*Chrysoperla carnea* (Stephens, 1836)
Diptera		Muscidae	*Musca domestica* Linné, 1758
		Syrphidae	*Eristalis tenax* (Linné, 1758)
		Ephydridae	*Ephydra riparia* Fallén, 1813
		Sarcophagidae	*Sarcophaga carnaria* (Linné, 1758)
		Culicidae	*Culex pipiens* Linné, 1758
		Chironomidae	*Chironomus* sp.
		Calliphoridae	*Lucilia scesar* Linné 1758
		Ptychopteridae	*Ptychoptera* sp.

2.2. Examen du tube digestif

Les résultats de l'examen du tube digestif pour notre cas concernent uniquement le contenu du gésier (Tab. 27).

Tableau 27 : Abondances relatives des différentes proies recensées dans le tube digestif de l'Echasse blanche

Règne	Classe	Ordre ou Famille	Espèce	Stade	Abondance relative (%)
Animalia	Annelida	Oligocheta	Oligocheta ind.	Adultes	2,40
	Crustacia	Branchiopoda	*Artemia salina*	Adultes	1,38
			Conchostracae ind.	Adulte	0.22
	Gastropoda	Pulmona	*Agriolimax agrestis*	Adulte	0
		Prosobrancha	*Potamopyrgus* sp.	Adulte	0
	Insecta	Dipterae	*Culex pipiens*	Larves	20.01
				Adulte	12.55
			Ephydra riparia	Larve	12.37
				Adultes	13.43
			Erisalis tenax	Larves	1.98
			Chironomus sp.	Adultes	6.75
				Larves	4.83
		Heteroptera	*Corixa* sp.	Adulte	4.19
			Sigara sp.		
		Planipennia	*Chrysoperla carnea*	Adulte	0.10
		Coleoptera	Dytiscidae Ind.	Adulte	0.43
		Hymenoptera	Formicidae Ind.	Adulte	0.41
Plantae	Monocoty-ledona	Potamogetonacae	*Ruppia maritima*	Graine	6.07
				Brin	4.19
		Poacae	Poacae Ind.	Graine	0.27
-	-	-	-	Cailloux	7.82

2.2.1. Richesse spécifique

La richesse spécifique des contenus stomacaux est de l'ordre de 12 espèces animales et deux végétales. Les espèces animales sont représentées par 9 espèces d'insectes, 2 espèces crustacées et une seule espèce annélide. Les espèces végétales sont représentées par une Potamogetonacé et une Poacé (Tab. 27).

2.2.2. Abondance relative

L'abondance relative des contenus stomacaux (gésier) révèle que la biomasse ingérée est de l'ordre de 92,18 % du contenu du gésier, la fraction minérale est de 7.82 % composée essentiellement de cailloux (Fig. 36). La biomasse est répartie comme suite : 11.05 % étant des végétaux et 81.05 % biomasse ingéré d'origine animale (Fig. 37).

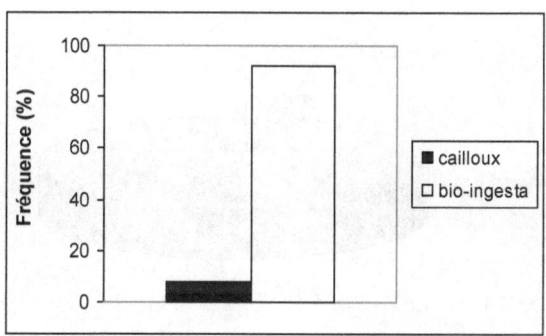

Figure 36 *: Proportion de la matière minérale et organique du contenu stomacal de l'Echasse blanche*

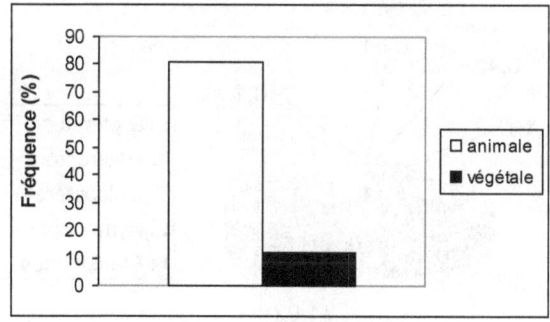

Figure 37 *: Proportion de la matière végétale et animale du contenu stomacal de l'Echasse blanche*

Les insectes représentent 77.05% du contenu du gésier (Fig. 39). 71,92 % du contenu du gésier sont des Diptères (Fig. 43) se répartissant sur 04 espèces (32.56 % *Culex pipiens*, 25.80 % d'*Ephydra riparia*, 11.58 % de *Chironomu*s sp. et 1.98 % d'*Eristalis tenax*) (Fig. 39). 4,19 % sont des Hétéroptères (Genre *Corixa* et *Sigara*), 0.43% des Coléoptères, 0.41 % des Hyménoptères et 0.10 % des Planipennes.

Une seule espèce Annélide est présente avec 2.4 % du contenu du gésier et les Crustacés avec 1.60%. Les Mollusques (Limacidae, Hydrobiidae) sont absents dans le contenu stomacal malgré la confirmation de leurs consommations à plusieurs reprises par l'observation directe (Fig. 38).

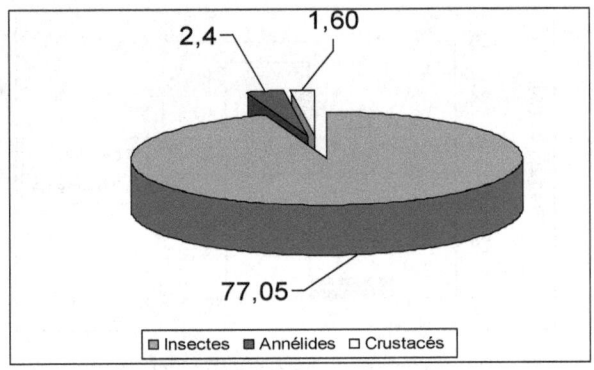

Figure 38 : *Pourcentage des Classes animales dans le gésier de l'Echasse blanche*

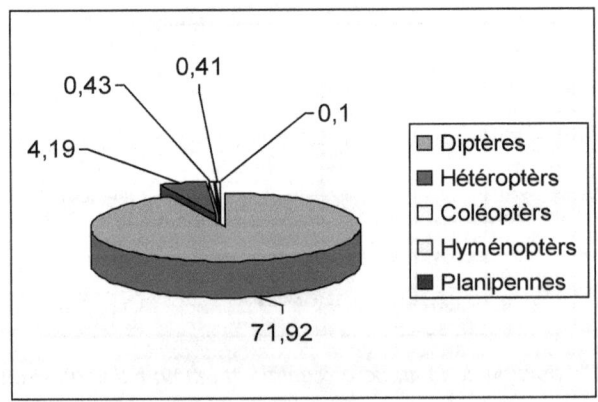

Figure 39 : *Pourcentages des principales familles d'insectes dans le gésier de l'Echasse blanche*

2.2.3. Indice de diversité de Shannon

L'indice de Shannon est calculé à partir de la richesse spécifique et de la diversité morphologique de chaque espèce ; c'est-à-dire que le stade phénologique (larve, adulte) est considéré comme un paramètre du choix de l'aliment.

La diversité présente une variation saisonnière avec un maximum de 3,03 bits en été et un minimum de 2,43 bits au printemps (Fig. 40).

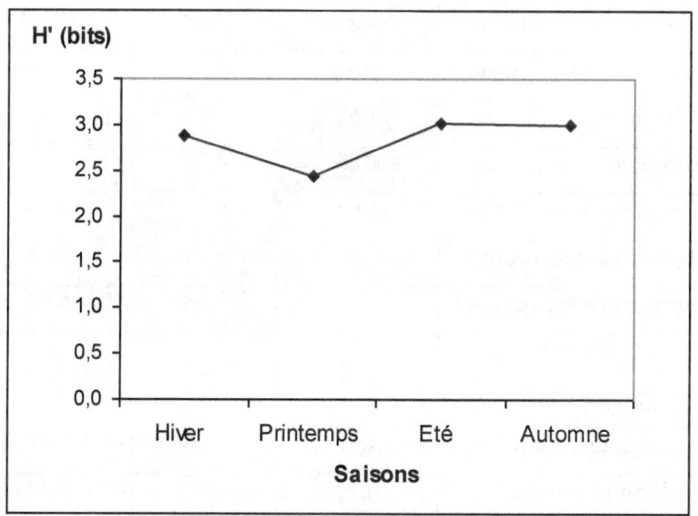

Figure 40 : Evolution saisonnière de la diversité du contenu stomacal de l'Echasse blanche

2.2.4. Comparaison du régime alimentaire des adultes et des poussins

L'examen du contenu stomacal montre que les jeunes consomment plus de larves que les adultes. Ce sont des larves de culex et de chironome. La fraction végétale est également plus abondante chez les jeunes. En revanche, les adultes consomment surtout des insectes adultes (Tab. 28).

Tableau 28 : *Comparaison du régime alimentaire de l'Echasse blanche entre les adultes et les poussins*

Espèces	Abondance relative (%)		
	Adulte	**Jeunes**	**Totale**
Artemia salina	1,52	1,22	1.38
Culex pipiens (adulte)	20.30	3,34	12.55
Culex pipiens (larve)	17,10	23.46	20.01
Ephydra riparia (adulte)	16,02	10,35	13.43
Ephydra riparia (pupe)	12,45	12,27	12,37
Eristale tenax (larve)	3,65	0	1.98
Chironomus sp. (adulte)	8.84	4,27	6.75
Chironomus sp. (larve)	1,06	9,32	4.83
*Ruppia maritima (*brin)	0,30	10,11	4,78
Ruppia maritima (graine)	3,42	9,83	6,07
Corixa sp. *Segara* sp.	4,00	4,42	4,19
Oligocheta ind.	1,35	3,64	2,40
Formicidae ind.	0,76	0	0,41
Poacae ind.	0,51	0	0,27
Dytiscidae ind. Hydrophilidae ind.	0,24	0,66	0,43
Conchostracae ind.	0,41	0	0.22
Chrysoperla carnea	0,18	0	0.1
Cailloux	8.04	7,94	7.82

Le régime alimentaire de l'Echasse blanche se compose essentiellement de proies aquatiques animales (insectes 77.05%, annélides 2.4%, crustacés 1.60%) et végétales avec 11.05% du contenu du gésier. La matière minérale est omniprésente représentée par des cailloux (croûte) avec 7.82% du contenu du gésier.

Les proies insectes sont représentées essentiellement par les Diptères (Culicidés 32.56%, Ephydridés 25.80%, Chironomidés 11.58, Syrphidés 1.98%) avec 71% du contenu de gésier.

La fraction végétale est représentée essentiellement par *Ruppia maritima* avec 10.85 % du contenu du gésier. L'observation directe comme l'analyse du contenu stomacal, révèlent que l'Echasse blanche consomme *Ruppia maritima* sous forme de graines en automne-hiver et la plante entière au printemps-été. De plus, durant cette période, elle peut profiter de tous les invertébrés qui l'adhèrent. Ainsi, l'absence de cet élément producteur peut déséquilibrer ou détruire complètement notre écosystème.

Les crustacés représentés essentiellement par *Artemia salina* avec 1.38% du contenu du gésier présentent une alternative pour l'alimentation des jeunes avant l'assèchement total du Chott, les populations d'Artémie emprisonnées dans les bassins de sel présentent un réservoir de secours en fin de saison.

Le mode alimentaire de l'Echasse blanche est fonction de l'emplacement des proies, généralement des larves aquatiques. Les insectes de surface, les crustacées, les mollusques immergés et les annélides qui s'abritent dans la vase sont autant de proies qui peuvent façonner les différents modes alimentaires de notre espèce.

L'abondance des proies omniprésentes dans le gésier reflète fidèlement leurs abondance dans le milieu, par contre, la diversité du contenu stomacal ne reflète pas obligatoirement la diversité de la saison, les relevés (contenus stomacaux) du printemps sont les moins divers par rapport aux autres saisons.

Les résultats obtenus sur l'abondance relative des proies consommées des adultes et des poussins de l'Echasse montrent une affinité des poussins pour les larves d'insectes, et les adultes pour les Diptères.

DISCUSSION GENERALE

Le Chott Aïn El Beïda est fréquenté par une avifaune diversifiée composée de 76 espèces. Cette richesse a connu ces dernières années une évolution plus importante que celle rapportée par la littérature locale (Conservation des Forêts, 2000; Bellatreche et Lellouchi, 2002 ; Bekkoucha, 2002 ; Bouzid, 2003). Ce qui montre l'importance de cette zone humide pour les oiseaux, de passage, hivernants et nicheurs. L'effectif élevé des espèces dominantes donne au Chott Aïn El Beïda une importance internationale selon le 6ème critère de Ramsar (SCR, 2004). En effet, la moyenne des effectifs des populations hivernantes du Flamant rose, de la Tadorne casarca, de l'Echasse blanche et du Gravelot à collier interrompu dépasse largement le seuil de 1% des populations régionales (Johnson, 1979 ; Monval et al., 1987 ; Costa et al., 1996 ; Davidson et al., 2002) (annexe 1, Fig. 45)

La dynamique annuelle et la structure avienne sont liées au statut de chaque espèce (migratrice, sédentaire), à ses exigences écologiques (Dajoz, 1982 ; Barbosa et Morino, 1999) et aux fluctuations des niveaux d'eau (Rallo, 1978 ; Reed et al., 1998 ; Sanders, 1999 ; Lemly et al., 2000 ; Roshier et al., 2001). Ces niveaux d'eau sont dictés par le pompage et l'évaporation. Par exemple, les Anatidés ont besoin d'un minimum de profondeur puisqu'ils sont adaptés à la nage et à la plongée, alors que les Charadriidés, de par leur petite taille, montrent une préférence pour des plans d'eau moins profonds. En revanche, les Récurvirostridés, avec les longues pattes et la forme du bec, occupent plusieurs zones de pâturage et sont indifférents au niveau de l'eau (Barbosa et Morino, 1999).

En hiver, les Flamants rose dominent toutes les espèces. Ils cherchent leur nourriture dans la vase en marchant serrés les uns contre les autres (Etchecopar et Hüe, 1964 ; Zweers et al., 1995) ; ce qui constitue, pour les petits échassiers, une barrière contre les prédateurs comme le Busard des roseaux *Circus aeruginosus*, le Faucon lanier *Falco hiarmicus* et la Buse féroce *Buteo rufinus,* présents sur le site. Les Scolopacidés représentés par 11 espèces, sont dominés par les Récurvirostridés représentés par 2 espèces avec des effectifs nettement supérieurs. Les espèces piscivores représentées essentiellement par des Ardéidés ont des effectifs faibles. Les Anatidés représentés par les Tadornes, les Canards et les Sarcelles, partagent les plans d'eaux les plus profonds.

En fin d'hiver, l'abondance, la richesse et la diversité augmentent pour atteindre un maximum à la mi-mars. C'est la rencontre des hivernants et des estivants d'une part et la présence des migrateurs de passage durant cette période d'autre part, qui renforcerait les effectifs des différentes espèces. Cette évolution est identique à celle observée en Espagne (Sánchez-Rodríguez, 2001), mais avec un décalage de temps nécessaire au déplacement du Sud vers le Nord (péninsule ibérique). En effet la similitude entre les deux sites (Algérie et Espagne) dans l'évolution des effectifs montre que les deux zones jouent le même rôle pour l'escale, l'hivernage et la reproduction, mais ces événements sont décalés suite à la latitude de chaque site (annexe 1, Fig. 41, 42, 43 et 44).

Par ailleurs, la population hivernante de l'Echasse blanche présente un nombre élevé de juvéniles (des individus qui n'ont pas migrés), ils peuvent être à l'origine de la sédentarisation de cette population. Pour cette éventualité, la philopatrie (Blondel, 1995 ; James, 1995), semble être la principale cause. Aussi, l'alimentation peut inciter les oiseaux à s'installer dans le site natal, suite à la permanence de quelques points d'eau. En outre, le changement climatique global (Zöckler et Lysenko, 2000 ; Pörtner, 2001 ; Knowles et Cayan, 2002 ; Seto et *al.*, 2004 ; Zulfiqar, 2005 ; Parmesan et *al.*, 2005) peut aussi redistribué les oiseaux, suite à l'assèchement total des zones humides transsahariennes (Weesie, 1996 ; Mullié et *al.*, 1999).

Dans le Chott, le régime alimentaire de l'Echasse blanche est composé essentiellement de Diptères (Culicidae, Ephydridae, Chironomidae, Syrphidae), d'Hétéroptères (Corixidae), de Coléoptères (Dysticidae), d'Hyménoptères (Formicidae) et de Palanipennes. Ces derniers sont présents avec de faibles proportions. Nous avons également observé quelques Crustacées et des Oligochètes. Ces résultats sont similaires à ceux de Serrano et *al.* (1983) et Blondel et Aronson

(1999) pour les populations méditerranéennes, Urban et *al.* (1986) et Hockey et Douie (1995) pour les populations d'Afrique méridionale et de Sanders (1999) pour l'Echasse noire (*Himantopus novaezelandiae*) en Nouvelle-Zélande. La proportion des minéraux (cailloux) est omniprésente chez les adultes et constitue un moyen de broyage efficace des aliments (Serrano et Cabot, 1983). Elle est également une source de minéraux indispensables aux fonctions physiologiques.

La diversité du régime alimentaire de l'Echasse blanche diminue au printemps. En effet, durant cette saison, l'espèce préfère choisir des proies de meilleure qualité énergétique telles que Ephydra et Culex avec un minimum de déplacement sur le site. Effectivement, Cette période coïncide avec le début de la saison de reproduction où les oiseaux minimisent leurs dépenses énergétiques.

A la mi-mars, l'effectif de l'Echasse blanche se renforce par des individus migrateurs. De ce fait, elle domine toutes les espèces durant la période estivale. Ce regroupement prénuptial dure quelques semaines avant la dispersion ; où une partie des individus gagnent d'autres sites.

La période de ponte de l'Echasse blanche est précoce par rapport à celle des autres populations méditerranéennes. La disponibilité des ressources alimentaires est l'un des facteurs qui détermine le timing de la reproduction (Blondel, 1995). Dans la région, cette période coïncide avec l'apparition de *Ruppia maritima* qui représente la fraction végétale consommée par l'Echasse blanche (Amat et Aguilera, 1990). *Ruppia* est également, une plante hôte pour *l'Ephydra riparia*, un aliment omniprésent dans le contenu stomacal de l'Echasse blanche et de divers insectes à différents stades de développement. Compte tenu du rôle que joue *Ruppia maritima* dans l'alimentation des Oiseaux d'eau, elle peut donner au Chott Aïn El Beïda une importance internationale suivant le 3ème critère de Ramsar sur la diversité des communautés aviennes (SCR, 2004).

Les colonies se forment progressivement, en passant par des nids isolés, puis par des regroupements de plusieurs nids, pour former des colonies lâches. La densité des nids sur les rives du Chott augmente au cours de la période de reproduction. La densité diminue en direction de la terre ferme. Les nids à proximité de l'eau sont généralement bâtis en forme de monticule ou sur la base d'une touffe de salicorne. Les nids éloignés de l'eau sont généralement disposés dans un creux (annexe 2, planche 2). Cette même description a été faite par Cuervo (1993 et 2003). Plusieurs matériaux sont utilisés par l'Echasse blanche pour construire le nid dont la composition diffère d'une zone à l'autre. L'abondance du couvert végétal (Halophytes), la topographie (bassins de sel, îlot, croûte accidentée, plage plane ou inclinée) et le niveau d'eau semblent être les facteurs déterminants le choix des matériaux de construction et le type de nid. Ce dernier varie en fonction de la zone où il est construit, Par exemple, dans la zone Ouest les nids représentés par des simples dépressions dans le sol sont dominants.

Pour la construction des nids, l'Echasse blanche semble utiliser les matériaux de construction disponibles dans le voisinage immédiat (Castro Nogueira, 1993 ; Arroyo, 2000 ; Cuervo, 2003). Ainsi, dans la partie Est du site, la majorité des nids est à base de Salicorne, alors que dans la partie Ouest, lorsque ce matériau fait défaut, les nids sont construits avec un mélange de phragmites, tamarix et plumes. L'espèce ne semble pas transporte les matériaux à cause de la forme de son bec droit, mince et fragile pour transporter des matériaux sur des longues distances.

Les nids sont répartis de manière inégale entre les quatre régions du Chott. La région Nord occupée par des plans d'eau permanents contient plus de nids, par rapport à la région Sud située à proximité de la route nationale et qui ne contient que des plans d'eau temporaires n'abritant aucun nid. En revanche, la région Est, regroupe la majorité des nids car elle est plus riche en végétation. La région Ouest qui est visiblement polluée, montre une absence de *Ruppia maritima* et par conséquent n'est pas fréquentée. Dans les zones polluées il existe un risque d'accumulation de métaux lourds dans l'organisme des oiseaux (Adams et *al.*, 2002 ; King et *al.*, 2003 ; Harding et *al.*, 2004). D'après Garcias (1991), la disponibilité alimentaire est un critère important dans le choix du site de nidification. L'Echasse blanche préfère les bordures, des bassins de sel, des drains secondaires et des îlots même artificiels

(Castro-Nogueira, 1993 ; Scarton et *al.,* 2000 ; Jeong-Hoon et *al.,* 2003 ; Polhemus et Smith, 2005). En effet, le taux de réussite de la reproduction est plus élevé dans les nids construits près des rives (Sancha et *al.*, 2004). Ainsi, ces emplacements permettent aux couples de dépenser moins d'énergie dans la reproduction.

Les dimensions des nids se situent dans les fourchettes des données rapportées par Joubert (1974), Worsley (1986) *in* Hockey (2004) en Afrique méridionale et Cuervo (2003), Castro Nogueira (1993) en Europe occidentale.

Nos résultats montrent que les nids construits tardivement sont plus larges. Malheureusement, nous ne disposons pas d'informations dans la littérature, mais nous supposons que ces nids sont le plus souvent des nids bâtis sous forme de monticules (type **II**), puisque leur diamètre externe est plus large que celui des nids représentés par des simples dépressions dans le sol (Cuervo, 2003). L'occupation des meilleurs endroits sur les rives par les couples précoces, oblige les couples tardifs à bâtir des monticules (avec diamètre plus large) dans les eaux peu profondes.

La date de ponte du premièr œuf a lieu le 2 avril pour la saison 2005 et le 26 avril pour la saison 2004. Ce décalage peut refléter une variation annuelle conséquente de la disponibilité alimentaire et des conditions climatiques. Il peut également être la conséquence de la méthodologie d'échantillonnage puisque en 2004, nous avons eu des difficultés à trouver des nids.

La date moyenne de la ponte est le 24 avril et la période de ponte s'étale jusqu'au 14 juin pour les deux saisons. Ces résultats sont comparables à ceux des populations d'Europe où la période de nidification s'étale entre la mi-avril et la mi-juin (Felix, 1979 ; Castro-Nogueira, 1993 ; Cuervo, 1993 ; Arroyo, 2000 ; Castan, 1963). En revanche, en Afrique tropicale et méridionale la nidification dure toute l'année avec un pic en août-octobre (Hockey et *al.*, 1989; Tarboton, 2001). De ce fait, la population du Sahara septentrionale semble appartenir à la région paléarctique si on considère la période de ponte comme un critère de répartition biogéographique (Tab. 29).

Tableau 29 : *Variation de la période de ponte de l'Echasse blanche dans deux régions biogéographiques*

Région	Populations	Auteurs	Période de ponte	Pic de ponte
Paléarctique	Europe (Péninsule Ibérique)	Cuervo (2003)	Avril-juin	-
	Algérie (Ouargla)	Présent travail	Avril-juin	9 avril
Afrotropicale	Namibie	Tarboton (2001)	Janvier-juillet	Février-avril
	Botswana	Skinner (1997) *in* Hockey (2004)	Janvier-juillet	Avril-décembre
	Zimbabwe	Irwin (1981)	Janvier-juillet	Mai-octobre
	Afrique de Sud (Ouest du Cap)	Hockey et *al.* (1989)	Août-février	Août-décembre

L'intervalle de ponte entre deux œufs successifs est de 1.27 jours (30.48 heures). Ce résultat ne diffère pas de celui de Cuervo (2005) où deux œufs successifs sont pondus dans 1.2 jours.

La majorité des nids contiennent 4 œufs, soit une moyenne de 3.92 par nid. La grandeur de ponte chez les autres populations varie entre 3,5 et 3,9 (Hockey et *al.*, 1989 ; Castro-Nogueira, 1993 ; Cuervo, 1993 ; Arroyo, 2000). Selon certains auteurs (Amat, 1998 ; Schmidt, 1952 *in* Hockey, 2004), les couvées contenant plus de 4 œufs sont le résultat d'une action de parasitisme intraspécifique des nids.

La grandeur de ponte présente une relation négative avec les caractéristiques des œufs. Les grandeurs de ponte de 4 œufs ont une masse et un volume plus faible que ceux des nids de 3 ou 2 œufs. En effet, la femelle dispose d'une quantité d'énergie pour la formation des œufs et l'investissement dans une grandeur de ponte

97

élevée a des conséquences sur la taille des œufs. La masse des œufs présente une variation entre les deux années ; les œufs sont plus lourds par rapport à 2005, en effet, en 2004 les mesures ont concerné les couvées tardives. On peut supposer qu'au niveau de la cinétique folliculaire, les follicules exercent une compétition entre eux et ce sont les follicules de grande taille qui ovulent en premier, laissant apparaître une hiérarchie entre ces derniers (Thibault et Levasseur, 1991).

Les résultats montrent également que la masse des œufs diminue au cours de la saison ; c'est-à-dire que les œufs des couvées tardives sont plus légers que celles des couvées précoces. De même, le volume des œufs diminue au cours de la saison. Cette diminution de la masse et du volume des œufs peut être expliquée par le fait que la population sédentaire occupe les meilleurs sites et pond des œufs de plus grande taille. En revanche, les migrateurs qui arrivent dans la région où les sites les plus favorables sont occupés, sont obligés de pondre plus tard des œufs de taille plus petite que celle des populations sédentaires. Ce qui suppose également que la population migratrice ne dispose pas de la même quantité d'énergie pour la formation des œufs suite à la migration. Cette idée va dans le sens de l'hypothèse de Cody (1966, 1971 in Chabi, 1998) qui s'appuie sur le concept d'optimisation de l'effort de reproduction en rapport avec l'espérance de vie des oiseaux : c'est le principe d'allocation d'énergie (Levins 1968, in Chabi, 1998); c'est-à-dire que les besoins en énergie d'un individu sont répartis en trois budgets : maintenance, croissance et reproduction. C'est la sélection naturelle qui réalise l'allocation en temps et en énergie dans chacun de ces budgets.

Les pontes tardives seraient probablement des pontes de remplacement suite à la prédation ou l'inondation (Marchant et Higgins, 1993 ; Liker et *al.*, 2001 ; Cuervo, 2005).

Or la taille des œufs ne présente pas de variation ni entre les deux saisons, ni entre les deux zones, ni encore avec les données de la littérature (Tab. 30). Cela s'explique probablement par la stabilité d'une année à l'autre de l'offre trophique du milieu et la permanence des points d'eaux en fin de saison.

Tableau 30 : Mensurations des œufs de l'Echasse blanche

Auteurs	N	Longueur (mm)	Largeur (mm)	Masse (g)	Volume (cm³)
Cuervo (1993)	-	42.6 – 44.5	30.5 – 31.2	20.7 – 22.2	19.5 – 20.9
Worsley (1986)	58	40.7 – 46.3	27.6 – 33.4	22	15.81 – 26.34
Felix (1979)	-	38.8 – 48.2	28.0 – 33.5	-	15.51 – 27.58
Etchecopar et Hüe (1964)	89	39.5 – 46.5	29.5 – 31.5	-	17.53 – 23.53
Présent travail	817	43.8 34.8 – 48.4	31.3 25.9 – 38.6	21.00 15.25 - 7.75	22.09 10.79 - 36.45

La durée d'incubation ne varie pas entre les zones. Elle est comparable à celle des données bibliographiques (Tab. 31).

Tableau 31 : Durée d'incubation de l'Echasse blanche

Auteurs	Intervalle	Durée d'incubation (jour) Moyenne (extrêmes)
Hockey et *al.* (1989)	Dernier œufs pondu - dernier œuf éclos	26.2 (24 – 27)
Felix (1979)	Dernier œuf pondu - dernier œuf éclos	25 – 26
Kuzniak (2004)	Dernier œuf pondu - dernier œuf éclos	22 – 25
Cuervo (2005).	Dernier œuf pondu - 1er œuf éclos	21.8
Présente travail	Dernier œuf pondu - 1er œuf éclos	21.34 (18–25)

Plusieurs facteurs contribuent également à limiter le succès de la reproduction de l'Echasse blanche. Parmi ces facteurs le vandalisme humain au stade œufs, les œufs échoués (stériles ou écartés) et l'inondation des sites de nidification. Ces facteurs ont été rapportés pour l'Europe (Salathé, 1983 ; Cuervo, 1993 ; Arroyo, 2000) et pour l'Afrique méridionale (Tripp, 1998). Ainsi, le succès de la reproduction est plus faible vers la fin de la période de reproduction comme c'est le cas pour les populations espagnoles (Cuervo, 1993). L'association de Echasse blanche avec d'autres nicheurs (Avocette élégante et/ou Gravelot à collier interrompu) est très bénéfique comme stratégie de défense (Danchin et al., 2005). En effet les nids appartenant aux colonies mixtes bénéficient de la vigilance des nicheurs. Lorsque le danger se rapproche, la veille se développe en cris stridulants, en harcèlement ou même en attaques inattendues pour les prédateurs souvent aériens.

Le succès de la reproduction est élevé par rapport à celui observé en Espagne (Cuervo, 1993). Si le stress à un effet négatif sur le taux de croissance d'une population (Sibly et Hone, 2002), la croissance des effectifs de la population de l'Echasse dans la région témoigne de son bien être.

Plus de 84.25 % des nids ont des éclosions asynchronisées et uniquement 15.75% des nids ont des éclosions synchronisées. L'asynchronisme des éclosions est variable d'une espèce à une autre. La fréquence de ponte est la principale cause de l'asynchronisme des éclosions (Clark, 1981 ; Ricklefs, 1993 ; Starck et Ricklefs, 1998). L'incubation a été entamée depuis la ponte du premier œuf pour la majorité des nids, contrairement à ce qui à été trouvé par Cuervo (2005), où la majorité des nids sont incubés à partir du dernier œuf. Toutefois l'asynchronisme des éclosions est une forme d'adaptation pour faciliter l'alimentation des jeunes nidicoles et une forme de sélection par les rejets des œufs ou le sacrifice des derniers poussins souvent les plus faibles (Starck et Richlefs, 1998, Encabo et al., 2003). Ce phénomène est commun chez les Passereaux (Cramp, 1980 ; Lahlah, 2005). La synchronisation des éclosions peut être une adaptation à la prédation, puisque les éclosions les plus synchronisées sont les plus réussies.

Après l'éclosion, les poussins quittent le nid (Sandercock, 1996 ; Nogueira, 1993 ; Cuervo, 2004) ainsi, les fragments de coquille qui adhèrent à un autre œuf en pleine éclosion, peuvent asphyxier le poussin ou attirer les prédateurs, sont enlevés par la femelle (Sordahl, 1994 ; Sandercock 1996, Briskie et Mackintosh, 2004). Les poussins nidifuges exploitent les rives et les bassins les plus proches pour se nourrir, mais ils perdent du poids durant la première semaine (Visser et Ricklefs, 1993 ; MacKenzie, 1996). Ils commencent à prendre du poids à partir du 4ème jour. La croissance entre le 4ème et le 10^{èm} jour est lente, elle devient rapide à partir du 10ème jour. Les jeunes deviennent alors indépendants et s'alimentent seuls. La période entre le 10ème et le 29ème jour constitue la phase la plus importante pour la croissance des poussins (Cramp et Simmons, 1983). Au-delà de cet âge la croissance se stabilise jusqu'à l'envol (Frisch, 1961 ; Cramp et Simmons, 1983 ; Kuzniak, 2004). Durant cette période, les jeunes s'alimentent essentiellement de larves d'insectes plus accessibles pour eux (González-Kirchner et Sainz de la Maza, 1990). Ces stades de développement sont comparables à ceux rapportés par Marchant et Higgins (1993) pour l'espèce nicheuse en Nouvelle-Zélande *H. novaezelandiae* (Tab. 32).

Tableau 32 : *Croissance pondérale (g) de* H. novaezelandiae *et de* H. himantopus himantopus

Age (jour)	Auteurs	
	Marchant et Higgins (1993) Nouvelle-Zélande	Présent travail Ouargla (Algérie)
15	36	31.4
20	65	59.5
25	103	94.0
30	126	121.5

Contrairement au développement de la masse corporelle, les autres paramètres morphologiques des poussins ne semblent pas être influencés par les conditions du milieu.

Pour les adultes, les mensurations sont comparables à celles de la sous espèce *H. h. himantopus* et celles des populations qui nichent en Espagne en Pologne et en Zimbabwe (Tab. 33).

Tableau 33 : *Paramètres morphologiques de la sous espèce H. himantopus*
himantopus

Auteurs	Nombre	Tarso-metatarse (cm)	Bec total (cm)	Masse (g)	Envergure (cm)
Cuervo (2003) (Espagne)	8	12.05	6.45	172.5	-
Kuzniak (2004) (Pologne)	-	-	6.25 5.6 - 6.9	140 - 220	68-80
Urban et al (1986) (Zimbabwe)	7	11.85 10 - 13.7	6.4 56 - 69	183.5 150 - 198	-
Présente travail Ouargla (Algérie)	6	11.81 10.15 - 13.87	6.54 5.64 - 8.08	187.5 169 - 187	67 - 82

Ces résultats montrent pour la première fois l'importance des écosystèmes humides du Sahara algérien qui sont importants pour l'accueil de l'avifaune migratrice. Par leur qualité, ces derniers permettent à beaucoup d'espèces de nicher. Ces résultats montrent la complémentarité fonctionnelle avec d'autres zones humides situées au nord (région paléarctique). Par la présence d'effectifs importants de certaines espèces, le Chott d'Aïn Beïda est digne d'être classé comme site d'importance internationale conformément à la convention Ramsar sur les zones humides.

CONCLUSION

Durant les deux années d'investigation dans le Chott d'Aïn Beïda, les observations sur l'avifaune ont montré une diversité et une richesse spécifique importantes de ce site. Ainsi, 76 espèces ont été répertoriées, parmi lesquelles nous avons 29 hivernantes, 07 estivantes, 21 migratrices de passage et 18 sédentaires.

L'Echasse blanche qui a fait l'objet d'une étude approfondie est composée de deux populations ; la première est sédentaire nicheuse et l'autre migratrice nicheuse. Le Chott Aïn El Beïda semble offrir de bonnes conditions à sa reproduction puisque son succès reproducteur est le plus élevé que celui des autres populations méditerranéennes.

L'Echasse blanche se reproduit à partir du 2 avril jusqu'au 14 juin. Cette période semble en avance par rapport à celle des autres populations méditerranéennes. La taille des œufs semble diminuer au cours de la saison. Ce qui peut expliquerait le décalage dans la chronologie de reproduction entre les deux populations. En effet, la population sédentaire occuperait les meilleurs sites pour se reproduire obligeant la population migratrice nicheuse à occuper des sites de moindre qualité. Ce qui a des conséquences sur le succès reproducteur. La population migratrice investirait moins d'énergie dans la reproduction comparativement à la population sédentaire suite à la migration prénuptiale.

Les caractéristiques morphologiques des poussins et des adultes sont identiques à celles des autres populations qui nichent dans d'autres régions. En revanche, le régime alimentaire semble différent entre les poussins et les adultes.

La pollution qui ne semble pas avoir un impact direct serait à l'origine de la désertion des zones polluées par les couples nicheurs. D'autres facteurs comme le vandalisme, la prédation et la remontée des eaux semblent affecter l'Echasse blanche et d'autres espèces.

Les résultats obtenus durant ces deux années montrent que le Chott d'Aïn Beïda est digne d'être classé comme zone humide d'importance internationale selon les critères de la convention de Ramsar.

REFERENCES BIBLIOGRAPHIQUES

Adams W.J., Brix K.V., Edwards M., Tear L.M., Deforest D.K. et Fairbrother A., (2002). Analysis of fieland laboratory data to derive selenium toxicity thresholds for birds. Environmental Toxicology and Chemistry **22(9)**: 2020-2029.

Agence Nationale des Ressources Hydriques., **(1999).** Note relative à la remontée des eaux dans la cuvette de Ouargla, 11p.

Aguesse P., (1968). Les Odonates de l'Europe occidentale, du Nord de l'Afrique et des Iles Atlantiques, Ed. Masson et Cie, Paris, 258p.

Amat-Domenech F., Hontoria-Danés F., Navarr-Tarrega J. L, Gozalbo-Edo A. et Varo-Valello I., (1991). Bioecologia de artemia (Crustacea, Branchipoda) En la laguna de la Mata torrevieja, Alicante. ins. acuicul. torre de la Sal. Espana. 172p.

Amat J.A., (1998). Mixed clutches in shorebirds nests: why are they so uncommon? Wader Study Group Bulletin **85**: 55-59.

Amat J.A. et Aguilera E., (1990). Tactics of black-headed gulls robbing egrets and waders. Animal Behaviour **39**: 70-77.

American Ornithologists' Union, **(1998).** Check-list of North American birds. 7ª ed. American Ornithologists' Union, Washington.

Arroyo G.M., (2000). Influencia de las transformaciones humanas de habitats costeros supralitorales sobre la ecologia de la reproducción de la cigüeñuela *Himantopus himantopus* y la avoceta *Recurvirostra avosetta* (Aves: Recurvirostridae) en la Bahia de Cadiz. Thèse. doct. Univ. de Cadiz, Puerto Real, Cadiz.

Bagnols F. et Gaussen H., (1953). Saison sèche et indice xérothermique, Volume I. Doc. Carte des productions végétales, art. 8, Toulouse, 47p.

Barbault R., (1981). Ecologie des populations et des peuplements. Ed, Masson, Paris, 200p.

Barbosa A et Morino E., (1999). Evolution of foraging stratigies in shorebirds : an ecomorfological approch. The Auk **116(3)**: 712-725.

Barry J. P., Celles J.C. et Faurel L., (1974). Carte internationale du tapis végétal et des conditions écologiques à 1/100 000 : feuille de Ouargla. Soc. d'Hist. Nat de l'Afrique du Nord, Alger.

Belaroussi M. H., (2005). Caractérisation morphologique de Tilapia sp. de Oued Righ. Suivi d'un élevage intensif de l'*Oreochromus niloticus* dans la région de Ouargla. Mém. Mag. Univ. Kasdi-Merbeh Ouargla, 64p.

Bellatreche M. et Lellouchi M., (2002). Dénombrement de l'avifaune aquatique dans les principales zones humides de la Wilaya de Ouargla. Lab. Rech. Conser. Ges. Améli. Ecosy.Fores, INA, Alger. 12p.

Benyacoub S. et Chabi Y., (2000). Diagnose écologique de l'avifaune du parc national d'El-Kala. Rev. Scie. et Tech. Univ. Annaba, Synthèse 7 :1-98.

Bekkoucha B., (2002). Inventaire qualitatif de l'Avifaune dans la région de Ouargla. Mémoire. Ing. Ouargla, 155p.

Bernard F., (1968). Les fourmis d'Europe occidentale et septentrionale. Ed. Mousson et Cie. Paris, 411p.

Blondel J., (1975). L'analyse des peuplements d'oiseaux, élément de diagnostique écologique : la méthode des échantillonnages fréquentielles progressifs (E.F.P), Rev. Ecol. (Terre et la Vie) **29**: 533-589.

Blondel J., (1995). Biogéographie approche écologique et évolutive. Ed. Masson, Collection écologie N° 27. Ed. Masson, 297p.

Blondel J. et Aronson J., (1999). Biology and wildlife of the mediterranean region. Ed. Oxford, New York, 328p.

Boukhamza M., (1990). Contribution à l'étude de l'avifaune de la région de Timimoun (Gourara): inventaire et donnée bioécologiques. Thèse. mag. agro. Alger, 117p.

Boukheroufa M., (2001). Rôle fonctionnel du marais du Mellah pour les oiseaux d'eau: caractérisation et analyse de la variation des paramètres de structure du peuplement. Mémoire ing. Univ., Annaba, 54p.

Boumezbeur A., Moali A. et Isenmann P., (2005). Nidification du Fuligule nyroca *Aythya nyroca* et de l'Echasse blanche *Himantopus himantopus* en zone saharienne (El Goléa, Algérie). Alauda **73** : 143-144.

Bouzid H., (2003). Bioécologie des Oiseaux d'Eau Dans les Chotts d'Aïn El-Baïda et d'Oum Er-Raneb (Région de Ouargla). Thèse magister, Ins. Nat .agro. El-Harrache, 136p.

Briskie J.V. et Mackintosh M., (2004). Hatching failure increases with severity of population bottlenecks in birds. PNAS **101(2)**: 558-561.

Castro-Nogueira H., (1993). Las salinas de Cabo de Gata. Ecología y dinámica anual de las poblacionesde aves en las salinas de Cabo de Gata (Almeria), Instituto de Estudios Almerienses, Almeria.

Castro-Nogueira H., Nevado Ariza, J.C., Lopez Carrique, E., (1997). Cigüeñuela comun *Himantopus himantopus*. Atlas de las aves de España. Ed. Lynx., Barcelona. 176-177.

Chaich K., (2004). La nappe phréatique de la cuvette de Ouargla : Bilan hydrique, problème engendré et possibilités de dessalement. Mém. Mag. Univ. Kasdi-Merbeh Ouargla, 78p.

Chambers L.E., Huges L. et Weston M.A., (2005). Climat change and its important of Australi's avifauna. Royal Australien ornithologist Union. Emu **105**: 1-20.

Chabi Y., (1998). Biologie de la reproduction des Mésanges dans les chênaies du Nord Est de l'Algérie. Thèse doct. Badji Mokhtar. Annaba. 162p.

Chopard L., (1943). Faune de l'Empire français I : Orthoptéroïdes de l'Afrique du Nord. Ed. Librairie La Rose. Paris. 450p.

Chopard L., (1951). Faune de France : Orthoptéroïdes. Ed. Lechevalier. Paris. 359p.

Clark A. B., (1981). Avian breeding adaptations: hatching asynchrony, brood reduction, and nest failure. The Quarterly review of biologiy **56**: 253-277.

Clere E. et Bertagnolle V., (2001). Disponibilité alimentaire pour les oiseaux en milieu agricole : biomasse et diversité des arthropodes capturés par la méthode des potes-pièges., Rev. Ecol. (Terre et Vie) **56**: 275-291.

Conservation des Forets., (2000). Synthèse des recensements hivernaux du gibier d'eau (1988-1999) enregistrés au Chott Aïn El Bïda, Annexe N° 1.

Costa L. T., Farinha J.C., Heokern N. et Tomas-Vives P., (1996). Inventaire des zones humides méditerranéennes ; manuel de référence. Ed. I.C.N et Wetland international. 161p.

Cramp S., (1980). Handbook of the birds of Europe, the Middle East and North Africa. The birds of the western Palearctic. Volume II. University Press, Oxford.

Cramp, S. and K. L. Simmons (1983). The Birds of Western Paleartic. Vol. III. Oxford: Oxford University Press. Oxford.

Cuervo J.J., (1993). Biologia reproductiva de la avoceta (*Recurvirostra avosetta*) y la cigüenuela (*Himantopus himantopus*) (Recurvirostridae, Aves) en el sur de Espana. Thèse doct. Universidad Complutense de Madrid, Madrid.

Cuervo J.J., (2003). Parental roles and mating system in the black-winged stilt. Canadian Journal of Zoology **81**: 947-953.

Cuervo J.J., (2004). Nest-site selection and characteristics in a mixed-species colony of Avocets *Recurvirostra avosetta* and Black-winged Stilts *Himantopus himantopus*. British Trust for Ornithology Bird Study **51**: 20-24.

Cuervo J.J., (2005). Hatching success in Avocet *Recurvirostra avosetta* and Black-winged Stilt *Himantopus himantopus*. British Trust for Ornithology Bird Study **52**: 166-172.

Danchin E., Giraldeau L. A. et Cézilly F., (2005). Ecologie comportementale. Ed. Dunod, 637p.

Dajoz R., (1978). Précis d'écologie, Ed. Gautier-villars, Paris, 549p.

Dajoz R., (1982). Précis d'écologie, Ed. Gautier-villars, Paris, 503p.

Daoud Y. et Halitim A., (1994). Irrigation et salinisation au Sahara algérien, Sécheresse **5(3)**: 151-160.

Davidson N.C., West R., Scott D., Stroud D.A., Hanstra L., Ganter B. et Delany S., (2002). Status of migratory wader populations in Africa and Eurasia in the 1990s. Bird Conservation International, 163p.

Diaz M., Asensio B. et Telleria J.L., (1996). Aves Ibéricas. No I. Passeriformes. Ed. J.M. Reyero, Madrid, 230p.

Direction Général des Forets, (2004). Atlas IV des zones humides d'importance internationale. Ed. DGF, 107p.

Direction de la Pèche et des Ressources Halieutique, (2005). Situation de l'introduction de quelques espèces piscicoles dans la wilaya de Ouargla jusqu'à 13/12/2004. Annexe N°1.

Direl W. et Ring W., (1992). Guide des insectes. Ed. Delachaux et Niestlé, Lausanne, 237p.

Dubief J., (1963). Le climat du Sahara. Tome II. Ed. Inst. Rech. Sah., Univ. Alger, 275p.

Dubois P.J., (1992). Migration et hivernage de l'Echasse blanche (*Himantopus himantopus*) dans l'Ouest du Paléarctique et de l'Afrique. Nos Oiseaux **41**: 347-366.

Dutil P., (1971). Contribution à l'étude des sols et des paléosols du Sahara. Thèse Doc. D'Etat, faculté des sciences de l'université de Strasbourg, 346p.

Encabo S. I., Monrós J. S. et Barba E., (2003). Egg size variation along the laying sequence in great tits. 4th Conference of the European Ornithologists' Union : 24-25.

Etchecopar R. D. et Hüe F., (1964). Les oiseaux du nord de l'Afrique. Ed. Boubée et Cie., Paris. 606p.

Felix J., (1979). Les Oiseaux des Mers et des Rivages. Ed, Marabout, Paris, 189p.

Ferhani Y., Doumandji S., Daoudi-Hacini S et Bencikh C., (2003). Comparaison entre le régime alimentaire de l'Hirondelle de fenêtre *Delichon urbica* Linné, 1758 (Aves, Hirundidae) au lieu-dit "Les Eucalyptus" (Mitidja). Ornith. Algir **3**: 12-17.

Frisch O. V., (1961). Zur Jugendentwicklung und Ethologie der Stelzenläufers (*Himantopus himantopus*) und der Brachschwalbe (*Glareola pratincola*). Zeitschrift für Tierpsychologie **18(1)**: 67-70.

Fuchs E., (1975). Observations sur les ressources alimentaires et alimentation des Bécasseaux variable, Minute et Cocorli *Cladris alpina*, *minuta* et *frruginea* en méditerranée, au passage et pendant l'hivernage. Alauda **43(1)**: 55-69.

Garcias P., (1991). Seguiment de la colonia d'avisadors (*Himantopus himantopus*) al Salobrar de Campos. Anuari Ornitologic de les Balears **6** : 29-34.

Gauthier P., Grillas P. et Cheylan M., (2004). Menaces sur les mares : Les mares temporaires Méditerranéennes. Station biologique de la Tour du Valat **1** : 61-68.

Giraudoux P., (1990). L'échantillonnage en écologie (cours post-graduation d'écologie). Université de Dijon .INRA Faune sauvage. 45 p.

Gonzalez-Kirchner J. P. et Sainz de la Maza M. (1990). Algunos datos sobre la alimentación de los pollos de ciguenuela (*Himantopus himantopus*) en humedales de la provincia de Ciudad Real. Doñana, Acta Vertebrata **17**: 113-116.

Goriup P.D., (1982). Behaviour of black-winged stilts. British Birds **75**: 12-24.

Guezoul O., (2002). Contribution a l'étude de l'avifaune nicheuse de trois types de palmerais de la région de ouargla. Mémoire. Ing. Agr. Saha., Ouargla, 137p.

Hadjaidji-Bensghir F., (2002). Contribution à l'étude de l'avifaune nicheuse des palmeraies de la cuvette d'Ouargla. Thèse Mag. Inst. Nat. Agro., El Harrach, 187p.

Halitim A., (1988). Sols des régions arides d'Algérie. Ed. O.P.U. Alger, 384p.

Hamdi-Aïssa B. et Girard M.C., (2000). Utilisation de la télédétection en région saharienne pour l'analyse et l'extrapolation spatiale de pédopaysages. Sécheresse **11(3)**: 180-181.

Hamdi-Aïssa B., (2001). Fonctionnement actuel et passé de sols du Nord du Sahara (cuvette de Ouargla). Approches micromorphologique, géochimique et minéralogique et variabilité spatiale. Thèse Doc. Inst. Nat. Agro. Paris-Grignon, 310p.

Harding L. E., Graham, M. et Paton, D., (2005). Accumulation of selenium and lack of severe effects on productivity of American dippers (*Cinclus mexicanus*) and spotted sandpipers (*Actitis macularia*). Arch. Environ. Contam. Toxicol **48** : 414-423.

Haupt J et H., (2000). Guide des mouches. Ed. Delachaux et Niestlé. Paris, 352p.

Hayman P., Marchant J. et Prater T., (1986). Shorebirds. An identification guide to the waders of the world. Christopher Helm, Londres.

Henry C., (2001). Biologie des Population Animales et Végétales, Ed. Dunod, Paris, 709 p.

Heim de Balzac H., (1926). Contribution à l'ornithologie dans le Sahara central et du Sud algérien. Mémoire. Soc. Hist. Nat. Afr. du Nord, 127p.

Heim de Balzac H., (1959). L'ornithologie française en Afrique du nord, l'oiseau et R.F.O. **29**: 308-330.

Heim de Balzac H. et Mayud M., (1962). Oiseaux du Nord-Ouest de l'Afrique. Ed. Lechevalier, Paris, 486p.

Hoffmann A. A. et Parsons, P. A., (1991). Evolutionary genetics and environmental stress. Oxford Science Publications.

Hoffmann A. A., (2004). Les oasis acquirent un statut internationale: Atlas IV des zones humides d'importance internationale. Ed. DGF.

Hockey P.A.R., (2004). Black- winged Stilte *Himantopus himantopus*. Roberts VII., syst. Nat **1(10)**: 151-163.

Hockey P.A.R. et Douie C., (1995). Waders of southern Africa. Cape Town: Struik Winchester.

Hoyt D. F., (1979). Pratical methods of estimating volum of fresh weights of birds eggs. The Auk **96**: 73-77.

Isenmann P. et Moali A., (2000). Oiseaux d'Algérie. Birds of Algeria. Ed. SEOF, Paris, 336p.

Irwin M. P. S., (1981). The birds of Zimbabwe. Salisbury: Quest Publishing. 13-15.

Jacob J-P. et Jacob A., (1980). Nouvelles données sur l'avifaune du lac Boughzoul (Algérie). Alauda **48** (4) : 209 – 219.

James R. A. JR., (1995). Natal philoparty, site tenacity, and age of first breeding of the Black-necked stillt. J. Field Ornithol **66(1)**: 107-111.

Jeong-Hoon k., Hyun-Tae K., Sam-Rae C. et Jeong-Chil Y., (2003). The effect of agricultural method alternation on nesting in black-winged stilts *Himantopus himantopus* in the Seosan A and B reclamed area, Korea. Australasian Ornithological Conference. Australia. 33-35.

Johnson A., (1979). Importance des zones humides algériennes pour le flamant rose *Phoenicopterus ruber roseus*. Comm. S.LA.A. INA. El-Harrach. Alger, 16p.

Joubert E., (1974). The development of wildlife utilisation in South West Africa. 31p.

King K.A., Marr L. H., Velasco A. L. et Schotborgh H., (2003). Contaminants in waterbirds, grackles, and swallows nestingon the lower Colorado river, Arizona 2001- 2002. U.S. Fish. Wild. serv. ecol. 44p.

Knowles N. et Cayan D.R., (2002). Potential effects of global warming on the Sacramento/San Joaquin watershed and the San Francisco estuary. Geophysical research letters **29(18)**: 38-42.

Kuzniak S., (2004). Wystepwanie Szczudlak *Himantopus himantopus*. W Polsce. Not. On **38**: 131-139.

Lahlah N., (2005). Biologie de la reproduction des populations de l'hirondelle de fenêtre (*Delichon urbica*) dans le Nord-Est algérien. Mém. Mag. Univ. Badji mokhtar. Annaba 57p.

Le Berre M., (1989). Faune de Sahara, poisson amphibien et reptiles. Ed. Chaband. Paris 332p.

Lemly A.D., Kingsford R. T. et Thompson J. R., (2000). Irrigated Agriculture and Wildlife Conservation: Conflict on a Global Scale. Environmental Management 25(5): 485-512.

Liker A., Reynolds J. D. et Székely T., (2001). The evolution of egg size in socially polyandrous shorebirds. Copenhagen. Oikos 95: 3-14.

Lippens L., Maes P. et Voet H., (1966). De steltkluteninvasie (Himantopus himantopus) 1965 in Belgie en Nederland. Gerfaut, 56(2): 135-161.

MacKenzie J. A., (1996). Delayed incubation in the black-capped chickadee (Poecilea atricapillus), British Columbia Birds 6: 9-11.

Maire R., (1952). Flore de l'Afrique du Nord. Volume I, Ed. Paule le chevalier, Paris, 366p.

Marchant S. et Higgins P. J., (1993). Handbook of Australian. Volum 2, New Zealand, and antarctic birds. Oxford Univ. Press, Oxford, U.K.

Martí R., Del Moral J.C., (2003). Atlas de las Aves Reproductoras de Espana. Dirección General de la Conservación de la Naturaleza-Sociedad Española de Ornitologia, Madrid.

Martínez-Vilalta A., (1991). Primer censo nacional de limicolas coloniales y pagaza piconegra, Ecología 5: 321-327.

Monval J.Y., Pirot J. Y. et Smart M., (1987). Recencement d'Anatidés et Foulques hivernants en afrique du Nord et de l'ouest. Ed. I.W.R.B., 44p.

Muller Y., (1985). L'avifaune forestière nicheuse des Vosges du Nord, sa place dans le contexte médio-européen. Thèse doctorat sci., univ. Dijon, 318p.

Mullié W. C., Brouwer J., Codjo S. F. et Decae R., (1999). Small isolated wetlands in the Central Sahel: a resource shared between people and waterbirds. The 2nd International Conference on Wetlands and Development held .Dakar, Senegal, 30-38.

Office National de Météorologie, (2002). Données météorologiques de Ouargla, 3p.

Ozenda P., (1958). Flore du Sahara septentrional et central. Volume I Ed. CNRS, Paris, 488p.

Ozenda P., (1982). Les Végétaux dans la Biosphère. Ed. Doin, 431p.

Ozenda P., (1983). Flore du Sahara. Ed. Centre national de la recherche scientifique (C.N.R.S), Paris, 625 p.

Paris P., (1970). Oiseaux (faune de France). Ed. O.C.F, Paris, 477p.

Parmesan C., Gaines S., Gonzalez L., Kaufman D.M., Kingslover J., Peterson T. et Sagarin R., (2005). Empirical prspective on speces bordrs : from traditional biogeography to global change. Oikos 108: 58-75.

Pérez-Hurtado A., Goss-Custard J.D. et Garcia F., (1997). The diet of wintering waders in Cádiz Bay, southwest Spain. Bird Study 44: 45-52.

Peterson R., Mountfort G. et Hollom P.A.D., (1972). Guide des oiseaux d'Europe. Ed. Delachaux et Niestlé, 447p.

Polhemus T. et Smith D. G., (2005). Update on Nesting Activity and Habitat Utilization by Native Waterbirds at the Hamakua Marsh State Wildlife Sanctuary, Kailua, O'ahu. Elepaio 65 (3): 17-22.

Pörtner H. O., (2001). Climate change and temperatur-dependent biogeography: oxygen limitation of thermal tolerance in animals, Naturwissenschaften 88: 137-146.

Quézel, P., (1998). La végétation des mares transitoires à Isoetes en région méditerranéenne, intérêt patrimonial et conservation. Ecol. Mediterr 24(2): 111-117.

Racault Y., (1997). Le lagunage naturel, les leçons tirées de 15 ans de pratique en France. Ed. Lavoisier, Orléans, 60p.

Rallo G., (1978). Le Casse di colmata della laguna media, a sud di Venisia. (Nota preliminare concenni sull'avifauna). Soc. Ven. Sc. Nat. Lavori 3: 55-66.

Ramade F., (1984). Elément d'écologie (écologie fondamentale). Ed. McGraw-Hill. Paris. 397p.

Reed J.M., Silbernagle M. D., Evans K., Engilis A. JR. et Oring L. W., (1998). Subadult Movement Patterns of the Endangered Hawaiian Stilt (Himantopus mexicanus knudseni). The Auk 115(3): 791-797.

Remini L., (1997). Etude comparative de la faune de deux palmeraie l'une moderne et l'autre traditionnelle dans la région de Aïn Ben Naoui (W. Biskra). Mem. Ing. Agro., Inst. Nati. Agro, El Harrache, 138p.

Ricklefs R. E., (1993). Sibling competition hatching asynchrony incubation period, and lifespan in altricial birs. *Current Ornithology* **11**: 199–276.

Robert P., (2001). Les insectes. Ed. Delachaux et Niestlé, Lausanne, 61p.

Roshier D.A., Robertson A.I et Kingsford R.T., (2001). Responses of waterbirds to flooding in an arid region of Australia and implications for conservation. Biological Conservation **106**: 399-411.

Rouvilois-Brigol N., (1975). Le pays d'Ouargla (Sahara algérien), Variation et organisation d'un espace rural en milieu désertique. Ed. Publications Univ. Paris, 316p.

Rufino R. et Neves R., (1992). The effects on wader populations of the conversion of salinas into fish farms, 177-182.

Rufino R. et Neves R., (1995). Black-winged stilt *Himantopus himantopus* wintering population: recent changes in range and numbers. Wader Study Group Bulletin **76**: 40-42.

Salathé T., (1983). La prédation du flamant rose *Phoenicopterus ruber roseus* par le Goéland leucophée *Larus cachinnans* en Camargue, Rev. Ecol. (Terre et vie) **37**: 87-113.

Sancha E., Van Heezik V., Maloney R. et Seddon P., (2004). Iodine Deficiency Affects Hatchability of Endangered Captive Kaki (Black Stilt, *Himantopus novaezelandiae*). Zoo. Biology **23**: 1-13.

Sánchez-Rodríguez J. F., (2001). Informe del seguimiento faunistico: Proyecto life "Humedales de villacaas". Ed. Agrupacion naturalista Esparvel, 76p.

Sandercock D. k., (1996). Egg-capping eggshell removal by western and semipalmated sandpipers. The Condor **98**: 431-433.

Sanders M. D., (1999). Effect of changes in water level on numbers of black stilts (*Himantopus novaezelandiae*) using deltas of Lake Benmore. New Zealand Journal of Zoology **26**: 155-163.

Scarton F., Semenzato M., Tiloca G. et Valle R., (2000). L'avifauna nidificante enlle casse di colmata della laguna di Venezia (non-passiriformes) : situaziona al 1998 evariaziona intercorse negli ultimi ventianni, Venezia **50**: 249-261.

Secrétariat de la Convention de Ramsar, (2004). Guide de la Convention sur les zones humides (Ramsar, Iran, 1971), 3ème éd. Gland, Suisse, 72p.

Séguy E., (1934). Faune de France : diptères (branchyocères). Ed. Librairies de la faculté des sciences. Paris, 827p.

Serrano P. et Cabot J., (1983). Gastrolitos en ciguenuela (*Himantopus himantopus*). Donana, Acta Vertebrata 10: 71-76.

Serrano P., Cabot J. et Fernández Haeger J., (1983). Dieta de la cigüeñuela (*Himantopus himantopus*) en las salinas del estuario del Guadiana. Donana, Acta Vertebrata 10: 55-69.

Seto K. C., Flisherman E., Fay J.P. et Betrus C. J., (2004). Linking spatial paterus of bird and butterfly spices richness with land sat TM derived NDVI. International journal 25(20): 4309-4324.

Shochat E., Stefanov W. L., Whithouse M. E. A. et Faeth S. H., (2004). Urbanization and spider diversity: influences of human modification of habitat structure and productivity. Ecological Applications 14(1): 268-280.

Sibly R. M. et Hone J., (2002). Population growth rate and its determinants: an overview. Phil. Trans. R. Soc. Lond 357: 1153-1170.

Snow D.W. et Perrins C.M., (1998). The Birds of the Western Palearctic. Volum 1: Non-Passerines. Ed. Concise. Oxford University Press, Oxford. New York, 1008p.

Sordahl T.A., (1994). Eggshell Removal Behaviorof american avocets and black-necked stilts. J. Field Ornithol 6(4): 461-465.

Soutou K., Guezoul, O., Baziz B. et Doumandji S., (2004). Note sur les oiseaux des palmeraies des alentours de Filiach (Biskra, Algérie). Ornit. Algé 4(1): 5-10.

Starck J. M. et Ricklefs R. E., (1998). Avian Growth and Development: Embryonic Growth and Development. Ed. Oxford University Press, New York, 28p.

Szekely T., Reynolds J. D. et Figuerola J., (2000). Sexuel size dimorphism in shortebirds, Gulls, and Alcids: The influence of sexuel and natural selection, Evolution 54(4): 1404-1413.

T.A.D : Bureau d'ingénierie et d'étude technique, (2002). Etude d'un plan de gestion de la zone humide de Aïn El Beïda. Phase III. Plan de gestion. Conservation des forêts Ouargla. 75p.

Tachet H., Ricoux P., Bournaud M. et Usseglio-Polatera P., (2000). Invertébrés d'eau douce (systématique, biologie, écologie). Ed. C.N.R.S. Paris, 588p.

Tarboton W., (2001). A guide to the nests and eggs of southern African birds. Cape Town: Struik.

Thibault C. et Levasseur M. C., (1991). La reproduction chez les mammifères et l'homme. Ed. INRA. Paris. 768p.

Tourenq C., Mönchtujaa C. et Feh-Avirmed A., (1995). Observations of waders in South-west Mongolia in July and August 1993. Wader Study Goup Bulletin **77**: 32-37.

Tripp M., (1998). Black-winged Stilt (*Himantopus himantopus*) breeding in numbers at Strandfontein sewage works. Promerops **232**: 9-10.

Urban E. K., Fry C. H. et Keith S., (1986). The birds of Africa. Vol. II. Ed. Academic Press, London. 369p.

Vermot M., (1980). Capture et ingurgitation d'un vertébré par une Echasse blanche, *Himantopus himantopus*. Nos Oiseaux **35**: 281-289.

Villiers A., (1977). Atlas des Hémiptères : Hémiptères de France, Ed. N. Boubée et co, Paris, 301p.

Visser G.H et Ricklefs R.E., (1993). Température regulation in neonates of shorebirds. The Auk **110(3)**: 445-457.

Weesie D. M., (1996). Les oiseaux d'eau du Sahel Burkinabe, peuplement d'hiver, capacité de charge des sites. Alauda **64(3)**: 307-332.

Wolda H., (1990). Food availability for an insectivore and how to measure it. Stud. Avian Biol **13**: 38-43.

Wolfgang D. et Det Werner R., (2000). Guide des insectes. Michel Cuisin trad. Ed. Delachaux et Niestlé, 237p.

Xeira A., (1987). The head pattern of black-winged stilts. Wader Study Group Bulletin **50**: 23-29.

Zökler C et Lysenco I., (2000). First circumpolar assessment of climate change impact of arctic breeding water birds. *World conservation monitoring centres,* 27p.

Zulfiqar A., (2005). Climate change influence on avian diversity of wetlands, a study with management options on a Ramsar site from Pakistan. Global indigenous meeting on climate change and its effects on indigenous peoples and the role of Traditional Ecological Knowledge (TEK), 29p.

Zweers G., De Jong F., Berkhoudt H. et Vanden Berge J. C., (1995). Filter feeding in Flamingos (*Phoenicopterus ruber*). The Condor **97(2)**: 297-324.

Importance du Chott Aïn El Beïda et Humedales de Villacañas pour l'escale, l'hivernage et la reproduction, au point de vue quantitatif (abondance, richesse spécifique) et qualitatif (diversité), mais ces événements sont décalés suite à la latitude de chaque site (Fig. 41, 42, 43 et 44).

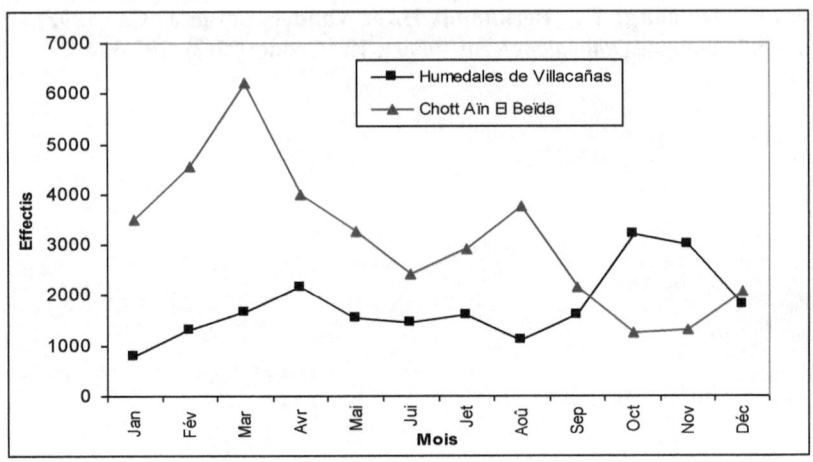

Figure 41 : *Comparaison de l'évolution de l'abondance mensuelle des populations aviennes du humedales de Villacañas en Espagne (Sánchez-Rodríguez, 2001) et Chott Aïn El Beïda*
(présent travail)

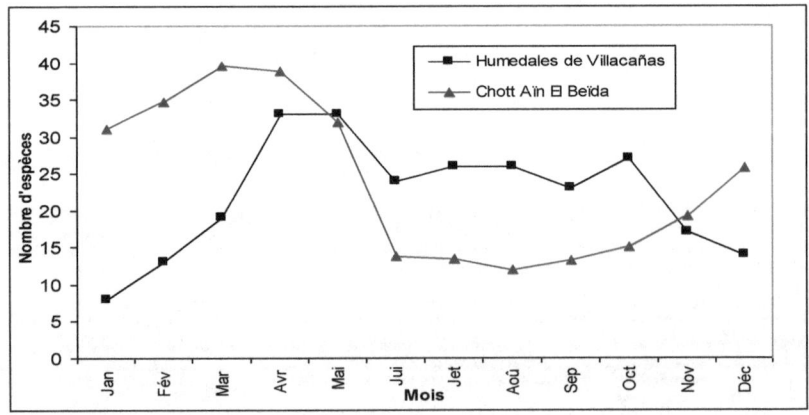

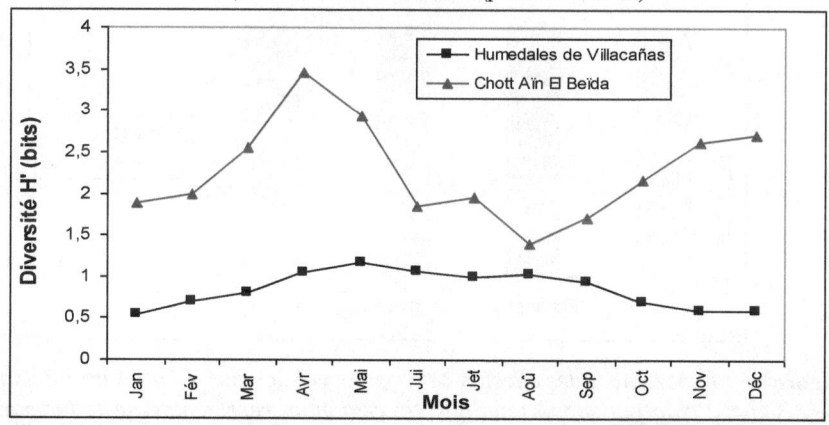

Figure 43 : *Comparaison de l'évolution de la diversité mensuelle des populations aviennes du humedales de Villacañas en Espagne (Sánchez-Rodríguez, 2001) et Chott Aïn El Beïda (présent travail)*

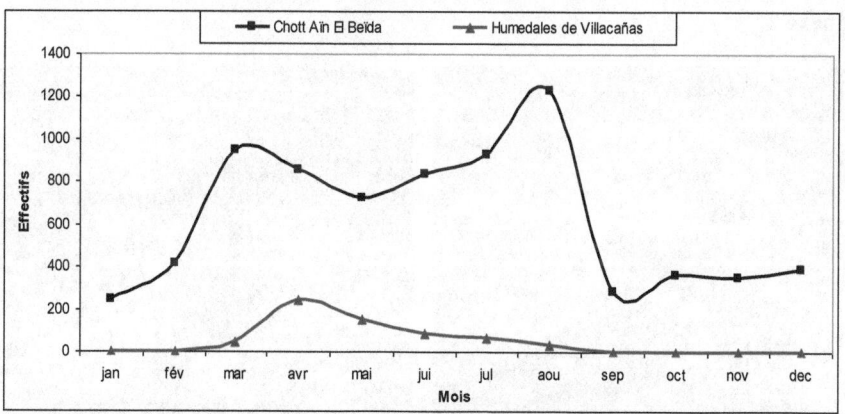

Figure 44 : *Comparaison de l'évolution annuelle des effectifs des populations de l'Echasse blanche (Himantopus himantopus) dans le Chott Aïn El Beïda et Humedales de Villacañas (Espagne, Sánchez-Rodríguez, 2001)*

Importance internationale du Chott Aïn El Beïda selon le 6ème critère Ramsar (Fig. 45).

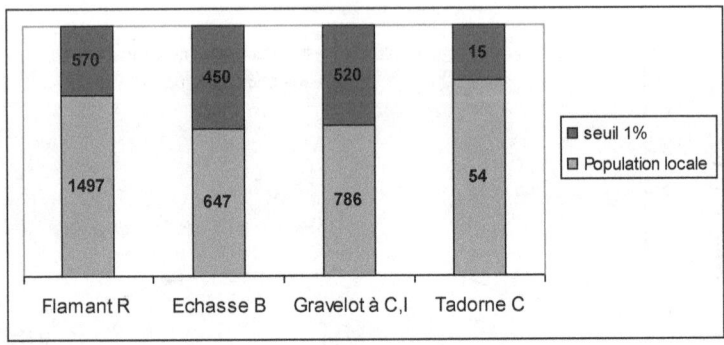

Figure 45 : *Importances des effectifs des populations locales (Chott Aïn El Beïda) des oiseaux d'eaux par rapport aux effectifs régionaux représentés par le Flamant rose, la Tadorne casarca, l'Echasse blanche et le Gravelot à collier interrompu, qui dépassent en moyenne le seuil de 1 % des populations de la méditerranée occidentale (Davidson et al., 2002)*

Annexe 2

Photo 1 : *Poussin de 24 jours* ***Photo 2 :*** *Poussin qui se cache entre la croûte*

Planche I : *l'Echasse blanche (H. h. himantopus)*

Photo 3 : *Nid d'Echasse blanche représenté par une simple dépression (pas de diamètre interne) et aménagé avec la salicorne*

Photo 4 : *Nid d'Echasse blanche représenté par une simple dépression (pas de diamètre interne) et aménagé avec différents apports*

Photo 5 : *Nid d'Echasse blanche bâtis avec la terre et brins de salicorne (diamètre interne et externe bien distinct)*

Photo 6 : *Nid d'Echasse blanche bâtis sur une touffe de salicorne avec l'extrémité interne et externe bien distincte*

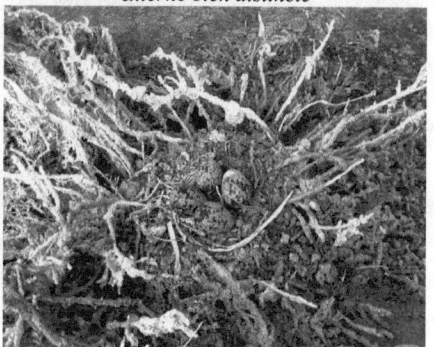

Photo 7 : *Nid d'Echasse blanche bâtis sous forme d'un monticule soulevée du sol (avec des croûtes et des brins de salicorne)*

Photo 8 : *Nid d'Echasse blanche bâtis sur une touffe entourée par l'eau*

Planche II : *Différents types des nids*

121

Photo 9 : *Débordement du drain principal*

Photo 10: *Halophytes sur la bande du Chott*

Photo 11 : *Ruppia maritima dans un bassin de sel*

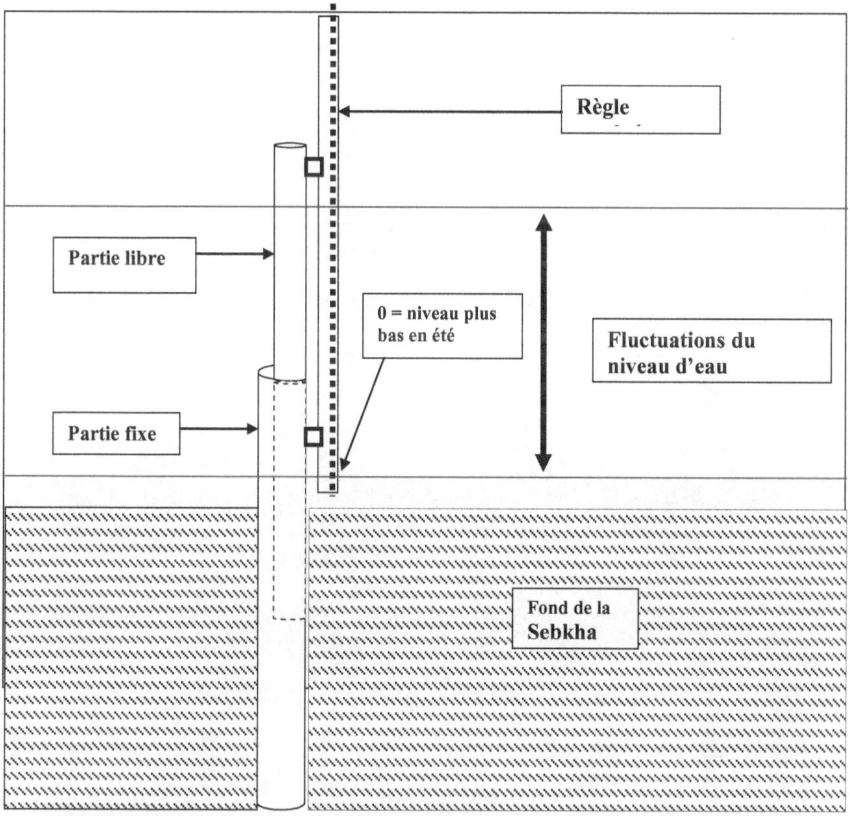

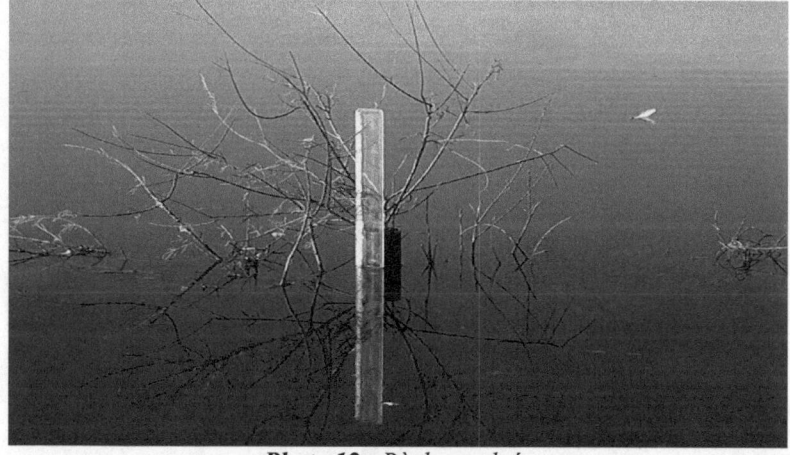

Le schéma comporte les annotations suivantes :

- **Règle**
- **Partie libre**
- **Partie fixe**
- **0 = niveau plus bas en été**
- **Fluctuations du niveau d'eau**
- **Fond de la Sebkha**

Figure 46 : Schéma descriptif de la règle graduée (original)

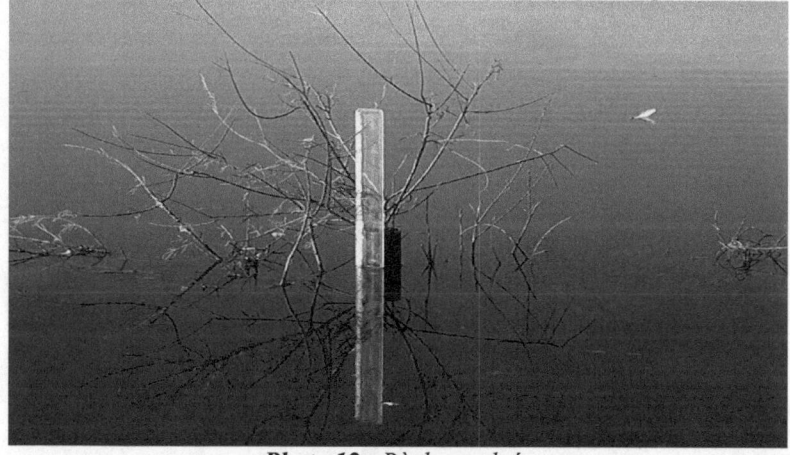

Photo 12 : Règle graduée

FSC
www.fsc.org
MIX
Papier | Fördert
gute Waldnutzung
FSC® C083411

Zeitfracht Medien GmbH
Ferdinand-Jühlke-Straße 7
99095 Erfurt, Deutschland
produktsicherheit@kolibri360.de

Druck:
CPI Druckdienstleistungen GmbH
im Auftrag der
Zeitfracht Medien GmbH
Ein Unternehmen der Zeitfracht - Gruppe
Ferdinand-Jühlke-Str. 7
99095 Erfurt